Jon Willis

ALL THESE WORLDS ARE YOURS

THE SCIENTIFIC SEARCH FOR ALIEN LIFE

群星都是
你们的世界

在宇宙中寻找外星生命

〔加拿大〕乔恩·威利斯 / 著　曾毅　宋迎春 / 译

中信出版集团 · 北京

图书在版编目（CIP）数据

群星都是你们的世界：在宇宙中寻找外星生命 /
（加）乔恩·威利斯著；曾毅，宋迎春译. -- 北京：中
信出版社，2018.10
书名原文：All These Worlds Are Yours:The
Scientific Search for Alien Life
ISBN 978–7–5086–9060–5

I.①群… Ⅱ.①乔… ②曾… ③宋… Ⅲ.①地外生
命－普及读物 Ⅳ.①Q693-49

中国版本图书馆CIP数据核字 (2018) 第 122302 号

群星都是你们的世界：在宇宙中寻找外星生命

著　者：［加拿大］乔恩·威利斯
译　者：曾毅　宋迎春
出版发行：中信出版集团股份有限公司
　　　　　（北京市朝阳区惠新东街甲 4 号富盛大厦 2 座　邮编　100029）
承 印 者：北京楠萍印刷有限公司

开　本：880mm×1230mm　1/32
版　次：2018 年 10 月第 1 版
京权图字：01-2018-1702
书　号：ISBN 978-7-5086-9060-5
定　价：49.00 元

印　张：10.5　　字　数：190 千字
印　次：2018 年 10 月第 1 次印刷
广告经营许可证：京朝工商广字第 8087 号

献给罗丝（Rose）和莎拉（Sara），
她们是上天给我的礼物。

目录

序

　　群星都是你们的世界——除了欧罗巴①。不要尝试在那里着陆。要共同利用它们。要和平地利用它们。

　　群星都是你们的世界——这一书名所隐含的想法是：无论在现实性上还是在内涵上，在宇宙中寻找生命的大门对任何对科学感兴趣的人都是敞开的。这句话引自阿瑟·C.克拉克②的《2010：奥德赛II》（亦翻译成《2010：太空漫游》）。我在此提到这部科幻小说，乃是有意为之。

　　我们关于外星生命的许多先入之见都源于作家和电影制作

---

① 欧罗巴（Europa），即木卫二，木星的天然卫星之一，由伽利略于1610年发现。（本书中所有注释如无特别说明，脚注均为译者注，以阿拉伯数字标注，每章最后的尾注均为作者注，以罗马数字标注。）

② 阿瑟·C.克拉克（Arthur C. Clarke，1917—2008），英国著名科幻小说家。《2010：奥德赛II》（2010：Odyssey Two）是他的《太空漫游》（Space Odyssey）系列中的第二部。题头中的引文是小说中的超级电脑HAL 9000在毁灭前发出的警告。

者的想象。这类创造性想象往往十分深刻且震撼人心，但其深刻和震撼之处可能在于揭示了人类创造者的本质，而非揭示了某些未知外星生命的本质。不过，这类想象也让我们或多或少有了关于外星生命的观念：它们可能以何种形态存在？它们会欢迎我们还是吃掉我们？还是会先欢迎我们，再吃掉我们？

　　这些观念很可能是人类中心主义的。然而，我在大学里讲授关于在宇宙中寻找生命的课程时，总是会被学生们打动：他们迫不及待地想超越流行想象，他们认为科学真相在带来新观念和超前观念方面远超科幻小说，并为此激动不已。

　　这就是我写作这本书的原因。

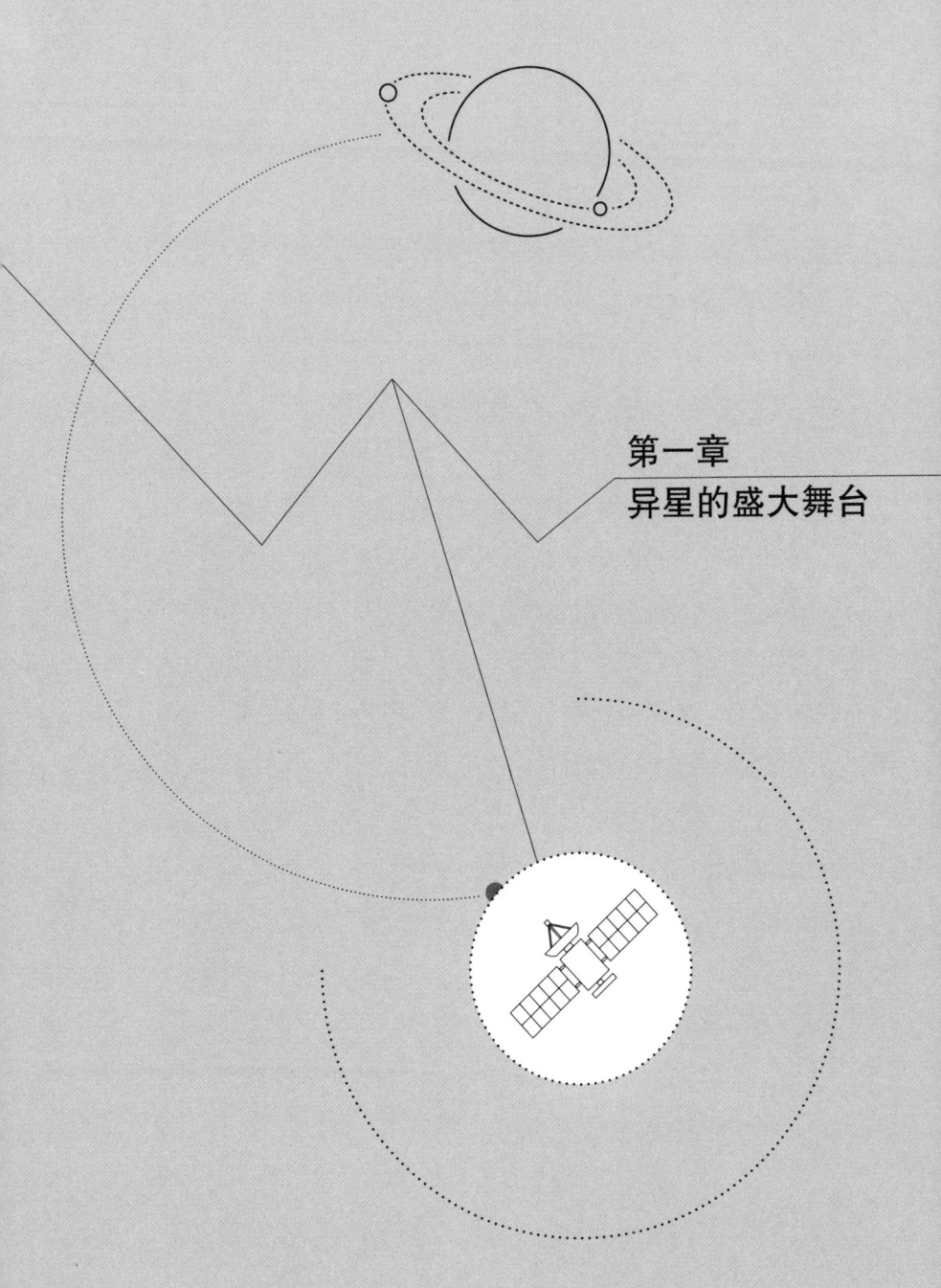

第一章
异星的盛大舞台

外星人是否存在？地球这颗行星之外是否还有其他生命？是的，当然有，也许还为数不少。我为何能如此确信，以至于在本书一开篇就给出这个答案？我的回答很大程度上基于数学的论证。如我们所知，宇宙是一个极为浩瀚的空间，在尺度上很可能是无限大的，无限意味着巨大——我们不需要动用数学知识就能理解这一点。宇宙的庞大达到了这样的程度：尽管某种事件（比如生命）发生的可能性小到不可思议，它仍会在某处发生。尽管你买彩票中奖的概率微乎其微，但只要这个概率不为零，而你参与的次数为无穷大，你就一定会中奖。在一个无限大的宇宙中，任何事件都是可能发生的。当然，这个回答在许多方面都无法令人满意——它将外星生命置于我们想象中那个宇宙空间的角落里，遥不可及。更有趣的问题是：我们在哪里能找到外星生命？它以什么形态存在？它如何生存（以及呼吸）？我们应当如何与之交流？然而，正如我们将在本书中所了解到的——较之我对"外星人是否存在"这一问题随口做出的回答，回答上述这些问题的难度要大得多。

如果我对问题做一点小小的修改，又会发生什么？是否有任何科学证据能证明在地球之外的宇宙中某个地方存在生命？就目前而言，对这个问题的回答是明确的"否"。这可能是因为在地球之外，宇宙中任何地方都不存在生命。然而，根据我在前文中所表达的确信观点，这更可能是因为生命的确存在于宇宙中别的地方，却尚未被我们发现。我们还没有对宇宙中足够多的地方进行搜寻、观察、探测和窥视。为使说明更充分起见，我还应当指出：我们可能已经有了关于地外生命的科学证据，但它并未作为确定性证据得到普遍接受。关于这一点，后文中将有更多讨论。

即便你读完这本书，第二个问题的答案可能仍然是否定的。[i]这很大程度上是因为就我们目前所拥有的资源而言，困难太过巨大。尽管 UFO（不明飞行物）狂热迷有着各种猜想，但外星生命还没有自动出现在我们的家门口。此外，外星生命似乎尚在我们的望远镜和空间探测器所能够达到的范围之外。在这样一个科学资源有限的世界上，为了取得最大的成功，我们不得不就搜寻何处和如何搜寻的问题做出明确抉择。科学家们将这些努力背后的观念称为天体生物学。天体生物学有三个主要目标：理解地球生命所必需的条件（可能还有一切生命所必需的条件）、在宇宙中寻找能提供这些条件的位置以及在这些位置探测生命的存在。目前我们已经发现了大量潜在的生命栖居地，其中有我们太阳系中的行星和卫星，也有围绕遥远恒星旋转的行星。这些新世界中，有一些星球的环境与我们的地球环境有某种程度的相似——而地球正是宇宙中我们所知的唯一存在生命的地方。

讲到这里，急切的读者会提出抗议：为什么在搜索宇宙生命时我们要以地球生命为模板？如果地球生命所代表的只是地外生命所呈现的特征范围中的一个小小碎片呢？我们的搜寻面是否过于狭窄了？我们是否会因为不知道如何辨认它们而与真正的外星生命失之交臂？显然，这个问题的答案仍然是肯定的。以地球生命为出发点向外探索，我们的搜寻将无法发现所有可能的生命形态。我们会忽略类似小行星的、自由飘浮的生命体所拥有的意识，也会忽略其他种种想象不到的可能性。但是，我们必须得有一个出发点，我们所了解的唯一生命就是地球生命，以此为起点，我们可以对那些与地球类似的行星上可能出现的各种生命过程做出推测。至于类地行星，我指的是那些拥有固态表面和某种大气层，并可能拥有各种液态物质的行星。我唯一能确认的一点是：我们探索得越多，对生命及其可能性也就会了解得越多。好了，是否要暂缓抗议？让我们继续吧。

因此，我们即将提出的问题就是：生命是否在宇宙中的某些特定位置存在？这样一个重要而基本的问题伴随着各种挑战：需要采取何种"体检"手段才能明确地判定某种可能的陌生生命形态的存在？需要何种技术才能进行这样的研究？我们是否需要与这些目标生命体进行物理意义上的"亲近"？抑或我们可以从远处了解它们？一切都是问题、问题，无尽的问题。这些问题的解答涉及的学科五花八门——天文学、物理学、化学、生物学、地质学、数学、计算机科学，这还仅仅是略举几例。尽管天体生物学家所运用的概念范围十分广泛，但这些概念所代表的观念还是非常容易理解的。虽然我肯定不会说这些观念简单，但任何受过科学教育的人确实都能掌握它们。有了这样的认识，我想从一个非常简单也非常古老的观念开始，即"何为世界"。

从旧世界到新世界①

一个世界就是一处真实的所在。你可以感受到它，探索它，甚至可以把它拿起来，摇一摇。在某种意义上，这是与一个抽象观念相对的"真实"世界。在人类历史的大部分时间里，地球是唯一一个这样的世界。因此我们对它进行探索，发现新的文化和生命形态。能被古典天文学家肉眼所见的恒星和行星代表着一个崇高的研究领域ⅱ，但是，他们所观察到的这些恒星和行星最终都被视为黑暗天幕上的一个个光点。人们试图用神话和猜想来描述这些星体的性质，然而这些观念仍旧是抽象的、

---

① 从旧世界到新世界（*New Worlds for Old*），系英国著名科幻小说家赫伯特·乔治·威尔斯（H. G. Wells, 1866—1946）一本介绍社会主义的著作的标题。

未经观测的，因此也就是想象性的。发生改变的是我们的视野，我们的目光离它们越来越近，看到的也越来越多。我们看到的越多，就越意识到每一颗行星和每一颗恒星都是一个真实的世界，主宰它们以及塑造了我们的地球和太阳的，是同样的物理过程。因此我们才能与这些世界相遇，才能对它们进行研究和探索。我们可以造访这些世界，站在它们的表面，也可以邂逅它们的居民。

伽利略·伽利莱（Galileo Galilei）是第一个向我们展现这种视野的人。1609 年，伽利略试图说服威尼斯的商人们：他那种由一根木管和安装在其两端的两块镜片构成的仪器是用来观察远方船只的好工具。尽管你我会将这种设备称为望远镜，伽利略却用"千里望"（perspicillum）这个醒目的名字来推销他的想法。站在位于圣马可教堂钟塔顶上的瞭望点，他可以观察到驶向威尼斯而距港口还有一天航程的船只。望远镜的放大能力可以让他通过识别船旗和信号旗来分辨每一条驶来的船。伽利略向船主们提出他可以将这些信息卖给他们，这样他们就可以在竞争对手之前抢得一天的先机。我们不清楚伽利略在说服威尼斯商人们投入这个市场时取得了多大的成功，但在某个时刻，他却决定去做一件完全不同却非常有趣的事：伽利略将他的望远镜指向了夜空中的目标，其中有月亮，也有木星和土星这两颗行星。随后的 1610 年，他在《星空信使》（*Sidereus Nuncius*）中用质朴无华的文字描述了他所看到的东西，这对此后的每一个人都至关重要。

他发现月球也是一个世界，而且是一个相当有趣的世界：上面有陨石坑，有参差嶙峋的山脉，也有被阴影笼罩的幽深峡谷。伽利略认为月球上那些光滑而缺乏特征的平原是海洋，他在书中所使用的是拉丁文里的maria，这个名字被我们沿用至今。重要的一点是，所有这些都基于他通过望远镜进行的直接观测。此前，除了月球围绕地球所做的规律运动之外，人们对月球所知甚少。古典天文学家们将月球视为一个完美无瑕的造物，这对一位天穹居民来说恰如其分。然而实际上，月球表面布满疤痕，起伏不平，被侵蚀得面目全非，并且经历过表面重塑——在很大程度上与地球类似。它不完美，不简单，却也因此奥妙无穷！

从伽利略对月球进行最初观测开始，仅仅360年后我们就成功造访了月球。我们在月球上东挖西戳，还将它的一小部分带回了地球（这种行为后来被证明对我们进行宇宙探索具有重大的意义）。通过对月球进行的多次载人探索和无人探索，我们了解到月球由岩石构成，其岩石成分与地壳颇为相似。就我们所知，最古老的月岩与地球上最古老的岩石同龄，都有44亿年的历史，比拥有45.4亿年高龄的陨石（可能是太阳系中最古老的碎片）只年轻一点点。根据这些观测结果得到的推论是：在地球与月球历史早期的某个时刻，这两颗星球可能同属于一大块熔岩。是某次事件——或许是来自年轻太阳系中另一颗小行星的撞击——让地月行星裂成了两半。较大的那块碎片成了地球，较小的碎片则成为月球。

在伽利略·伽利莱与尼尔·阿姆斯特朗（Neil Armstrong）之间的 360 年中，月球从一位我们既熟悉又陌生的天际旅客变成了一个拥有漫长地质历史（这段历史与地球的历史密不可分）的固态星体。在人类将足迹印上月球之前很久，它就作为一个世界进入了我们的认知：它是我们的自然经验中的一个实在部分，虽然遥远，却有着可以触及的真实。

火星异客出现的可能性

微乎其微。这是 H. G. 威尔斯的作品《世界之战》①中天文学家奥格尔维（Ogilvy）的断言。威尔斯的这部小说出版于 1898 年。当时的公众关于地外宇宙的集体意识正在不断成长，并已准备将火星视为下一个世界。为推动公众相信火星上存在一个外星文明，珀西瓦尔·洛厄尔②付出了很多努力。他的故事对在宇宙中搜寻生命具有重要意义，不过洛厄尔的主张同时告诉我们：人

---

① 《世界之战》（*The War of the Worlds*），威尔斯于 1898 年出版的一部科幻小说，描写了 19 世纪末期火星人从即将灭亡的火星来到地球，并与人类发生战争的故事。

② 珀西瓦尔·洛厄尔（Percival Lowell，1855—1916），美国天文学家、商人、作家与数学家。他曾将火星上的条纹描述为运河，并在美国亚利桑那州的弗拉格斯塔夫建立了洛厄尔天文台。

类也应该时时留意自己是在寻找外星人，还是在被外星人寻找。

几句简单的生平介绍难以勾勒珀西瓦尔·洛厄尔这个人。尽管他关于火星生命的看法有巨大的缺陷，洛厄尔仍是一名严肃的学者。一些可以自由支配财富的有钱人运用自己的资源和对科学的热情，让许多人在他们的研究领域做出了卓越的贡献。这一传统由来已久，而可以被视为一名业余天文学家的洛厄尔正是这个传统的一部分。他决定将配备多种望远镜的洛厄尔天文台建在亚利桑那州的黑暗天幕下，而不是靠近大城市以享受各种便利条件[iii]。这种做法与当代专业化天文观测的思路不谋而合：望远镜应该坐落在能让其科学观测产生最佳效果的地方。

洛厄尔对天文的兴趣主要集中于火星。这种热情源于与他同时代的乔瓦尼·斯基亚帕雷利（Giovanni Schiaparelli）的工作。斯基亚帕雷利是米兰天文台的台长，从 1877 年的"火星大冲"开始对这颗行星进行观测。在天文学上，所谓"冲"指的是两颗行星（以火星和地球为例）出现在太阳的同一侧，并且与太阳排列成一条直线。此时往往也是两颗行星距离最近的时候。因此"冲"是进行行星观测的良好时机。

通过折射式望远镜且以斯基亚帕雷利和洛厄尔用过的口径[iv]观测火星的话，火星看上去会是一个暗淡的粉色圆盘。如果遍布火山的塔尔西斯高原①在视野中，我们就能看到一些明显的黑

---

① 塔尔西斯高原（Tarsis plateau），火星上的一个高 9 千米、宽 3 000 千米的火山高原，位于火星赤道附近。

点。根据观测时刻在火星年中对应的不同时间，我们还能看到火星极地随着季节变化而消长的亮白色冰盖。此外，火星全球范围内都会发生尘暴。尘暴会让整个行星表面周期性地变得模糊，呈现为一个没有细节的圆盘。斯基亚帕雷利宣称他在观测火星时能分辨出火星表面的黑色条纹特征，并将之称为canali（运河）。他注意到：只有在大气活动出现明显的短暂平静，即因地球气压变化而模糊晃动的火星图像变得稳定，呈现出火星地表的清晰面貌时，他才能从目镜中分辨出这些特征。

到此为止，一切都还在科学的轨道上。斯基亚帕雷利忠实地观测并发布了他所看到的东西。尽管他对这些"运河"的性质做出了猜想，他的观点仍是谨慎而持中的。然而斯基亚帕雷利的观测成了洛厄尔的出发点，使后者在猜想的道路上做出了决定性的跳跃。洛厄尔称斯基亚帕雷利看到的"运河"是火星表面上的真实特征，而且这些"运河"组成了一个全球性的网络。这样一个由条纹结构组成的网络不太可能是自然过程的结果，据此，洛厄尔宣称这些"运河"就是火星人文明存在的证据。

洛厄尔拓展了斯基亚帕雷利的工作，更细致地描绘了运河纵横交织的火星表面。令人困惑的是，其他尝试进行独立火星观测的天文学家没能证实洛厄尔的说法。对此，洛厄尔的回应是质问：难道不是只有处在最佳观测地点的最强大的天文望远镜（也就是他自己的望远镜）才能分辨出这样的特征吗？

洛厄尔的断言是出于信念的一跃①，时至今日仍有巨大的影响力。火星文明大兴土木，营造一个遍布整个行星的宏伟工程，其目的何在呢？如果我们在火星上观测地球，哪怕使用当代的望远镜，也几乎看不见（甚至完全看不见）地球表面的任何人造结构。（不过，如果观测者足够聪明，倒是能探测到我们的城市在夜间发出的亮光。）洛厄尔猜想：只有某种巨大的需求会驱使火星人进行如此大规模的修建。他假设火星表面的红色是因为这个星球干旱多尘，濒临死亡，并据此想象火星运河是一些水渠，从封冻的极地向位于赤道的火星文明输送用以维持生命的水。

至此，一切已经脱离了科学的轨道。只有在也许是大气活动平静的短暂时刻，洛厄尔才能在火星表面观测到一些倏忽明灭的条纹特征，除此之外他并无证据支持自己的论断。是什么发生了变化？是望远镜。望远镜的口径变得更大，分辨率也变得更高。造成这些转瞬即逝的条纹特征的是火星表面的光影交织和地球大气的模糊效果。当人们用更大、视野更清晰的望远镜观测火星表面时，那些运河就像梦境一般消失了。洛厄尔于 1916 年去世，他的梦想也随之消逝无踪。

然而洛厄尔对天文学的热情以及那座用他的名字命名的天文台却为我们留下了一份更为持久的遗产。1930 年，在洛厄尔

----

① 信念的一跃（Leap of faith），指依靠强大的信念做出缺乏根据的判断。

天文台工作的天文学家克莱德·汤博（Clyde Tombaugh）利用对太阳系外缘的照片曝光来追踪一个围绕太阳运行的暗淡光点。这个光点就是冥王星。它当时还是（此时在许多人眼中仍然是）太阳的第九颗行星。[v]

数以亿万计的行星？

太阳系之外，还有别的世界吗？在任何一个夜晚仰望星空，如果没有仪器辅助，你大约能看到3 000颗恒星，而在地球的另一侧还能看到另外约3 000颗。所有这些恒星都位于银河系——也就是我们所在的星系。如果用上望远镜，我们就能看到更多的、明显更暗淡的恒星。我们无法数清银河系内的每一颗恒星（因为它们太过密集，难以被单独分辨出来），但我们可以计算出它们的发光总量，并将之与我们对一颗"典型"恒星发光量的估算值进行对比。通过对发光量的计算，我们得出银河系内的恒星数量约为4 000亿颗。每一颗恒星都与我们的太阳非常相似。其中一些离我们较近，另一些则较远。一部分恒星比我们的太阳更热更亮，另一些则温度较低，也更暗淡。这些恒星是一个个由离子化的气体构成的明亮圆球，其能量来自恒星核心发生的一系列核聚变反应。就此而论，所有恒星都可以归为一类。

我们的太阳拥有一个行星系统。那么银河内其他恒星也有类似的行星系统吗？从古典时代开始，许多天文学家就期望发现围绕其他恒星旋转的行星。毕竟，我们这个太阳系看起来并无特别之处，也是由太阳形成时期遗留下来的尘埃和气体构成。此外，我们的太阳也普普通通——与它在质量和构成上相似的恒星可能在银河系中到处都是。

期望并不等于发现。直到 1995 年，天文学家们才第一次确认一颗环绕某个普通恒星（或者说主序星）运行的行星的存在。他们使用的方法简单而精巧，尽管行星发出的光会被其母星明亮得多的光芒掩盖，但行星也会对母星造成有规律的引力牵动。我们可以把它们比作一对永不协调的舞伴：较小的行星围绕母星轻快旋转，反过来母星也会在一条小得多但同样完整的轨道上转动。测量这种转动的技术有一个专用术语——恒星视向速度法（stellar radial velocity method），其更常见的名字则是多普勒摆动法（Doppler wobble）。从地球的角度看过去的话，那颗遥远的恒星会因为看不见的行星的影响，显得时而向我们靠拢，时而远离我们。

1995 年发现的这颗行星被称为飞马座 51b，其母星则是飞马座 51[①]，是一颗位于飞马座星区的类日恒星，距离地球 50 光年。飞马座 51b 行星的公转周期为 4.2 天，母星受其影响产生的多普勒速度最大值为 56 米/秒。与之相比，在我们的太阳系中，木星的公转周期为 12 年，而太阳受木星影响产生的多普勒速度

---

① 原文此处及其他多处作 51 Pegasi a 或 51 Peg a，即飞马座 51a，但也有写作 51 Pegasi 或 51 Peg 的情况。为避免引起误解，本书中将飞马座 51b 的母星按更通用的名称统一译作飞马座 51。

则是 12 米/秒。

为了理解飞马座 51 的行星系统，天文学家们顺理成章地使用了伽利略的同代人约翰内斯·开普勒[①]在描述我们的太阳系内的行星运动时所使用的数学方法。他们的计算结果令人大吃一惊：飞马座 51b 被证明属于一种新的行星等级，即我们今天所谓的"热木星"。这颗行星的质量约为木星的一半或一半多一点，而其极短的公转周期说明它的公转轨道半径仅为地日距离的 1/20。既然飞马座 51 是一颗类日恒星，那么飞马座 51b 的表面（更准确地说——其大气层高处）温度将高达超过 1 200K[②]。[vi]

对我们正在讲述的这个故事来说，重要的是，人们在 1995 年首次发现了一个太阳系外的世界。尽管只是通过它产生的非直接作用才观测到它，但我们由此知道飞马座 51 拥有一颗行星，而且这颗行星与我们想象中的任何行星都不同。多普勒摆动法让我们得以了解这颗看不见的行星的质量以及它围绕母星运行的公转半径。此外，对其母星的观测还能告诉我们这颗行星的表面温度有多高。更明确地说，我们对任何一颗给定的非太阳系行星的了解几乎和太空探索开始之前我们对太阳系外缘行星的了解一样

[①]　约翰内斯·开普勒（Johannes Kepler, 1571—1630），德国天文学家、数学家，关于行星运动的开普勒定律的发现者。

[②]　K，即开尔文（Kelvin）。开尔文是热力学温标的温度计量单位，符号为 K，得名自爱尔兰工程师和物理学家威廉·汤姆森（第一代开尔文男爵，1824—1907）。热力学温标以绝对零度（–273.15 摄氏度）为零点。温度每变化 1 摄氏度，就相当于变化 1 开尔文。本书后文中的"开尔文"均简译作 K。

多。每颗行星都是一个世界，我们可以对它们的物理性质进行测量，可以估算它们在多大程度上可能适合生命生存，甚至已经在探索这些太阳系外世界中的生命线索方面迈出了第一步。

截至 2014 年，我们已经发现了超过 1 800 颗围绕其他恒星旋转的行星，其中一些是"独生子"，另一些则是多行星系统的成员。1 800 这个数字代表着已被天文学界视为"可以确认"的行星系统的数量，确认的手段多半都是对星球的多普勒速度信号进行测量。另有其他数千颗行星（尤其是那些我们将在第八章遇到的"开普勒号"任务[①]中被发现的行星）则被视为待确认的"候选者"。此时心细的读者应该已经发现本节的标题是"数以亿万计的行星？"，那么我是如何从 1 800 跳跃到"亿万"这个数量级的呢？我们并没有调查银河系中每一颗恒星是否拥有行星，然而那些已经被调查过的恒星中拥有行星的比例相当高。天文学家们将某类恒星中拥有行星者所占的比例称为 $f_{行星}$。事实证明，对在银河系恒星中占大多数的普通恒星（即主序星）而言，$f_{行星}$ 的数值介于 0.1 到 1 之间（1 意味着每一颗此类恒星都拥有行星）。

等等！这未免太惊人了吧？天文学家已经习惯于面对所谓的"天文数字"，也就是那些大到我们无法为之命名的数字。（比如，太阳的质量为 2×10^{30} 千克，这个数字是 2 后面加上 30 个

---

① "开普勒号"任务（Kepler space mission），美国国家航空航天局（NASA）用以发现太阳系外类地行星的太空望远镜，于 2009 年 3 月 6 日发射升空。

0；宇宙中物质和能量的平均密度为 9×10^{-27} 千克/立方米，9 前面则有 26 个 0。）在天文学家眼中，一个介于 0.1 到 1 之间的数字和 1 也没有太大区别。因此，从数量级近似的意义上说，可以说每颗恒星都拥有一颗行星。[vii]

我在前文中曾经说过：无论从构造还是从成分来看，我们的太阳系都没有什么独特之处。如果你认同这一点，那么你也不会为上面这个答案感到奇怪。真正令人惊讶的是，当你在星夜凝视银河中那 3 000 颗肉眼可见的恒星时，你应该想象到它们中的每一颗都可能有一个行星为伴，其中许多恒星甚至可能拥有自己的行星系统。这些系统中的任何一个都不会和我们的太阳系一模一样。然而，考虑到我们在它们中可能发现的行星物质和物理构成的范围，它们在实质上又都是类似的。当你的想象力飞向那就我们所知构成银河系的 4 000 亿颗恒星时，你也应该能意识到，那里可能还有 4 000 亿颗左右的行星在等待发现。

那是生命，吉姆，但不是我们所知的生命[①]

外星人到底会是什么样的？我们都知道电影中的外星人通常都长得跟人类差不多。这有两个原因：第一，这样塑造外星人

---

① 这句话出自 The Firm 乐队的歌曲《星际迷航》（Star Trekkin'）。这首歌是对电视剧《星际迷航》（*Star Trek*）的戏仿。歌词中的这句话模仿了《星际迷航》中斯波克（Mr. Spock）对柯克船长（Captain James Kirk）说话的口吻。

的成本更低；第二，人类习惯将外星人拟人化。当然，这种概括无法包含许多显著的例外情况，然而更重要的问题是：我们应该以什么为出发点来识别外星生命？

也许有一天我们的火星车会拍到一条细小的火星蛞蝓艰难爬过某个遍布尘埃的平原的延时图像。我并没有排除这种可能性，然而我们的搜寻应当比这更精细。被我们称为"生命"的现象是一系列相互关联的化学过程，生命所需的能量还会产生各种化学副产品（只要呼一口气，你就能明白我指的是什么）。因此，如果我们要搜寻生命，就应该考虑到生命过程会如何改变某个特定环境的化学构成。生命活动产生的化学痕迹被称为生物印记，而那些无法通过非生物化学过程来复制的，就是最佳或者说最清晰的生物印记。

在地球上，植物的光合作用为大气带来了丰富的氧气，这就是一个清晰的生物印记。当远方的观测者注意到地球大气层中含有 1/5 的氧气时，他们也可能会比较谨慎：那也许是某种未知的非生物过程造成的现象。不过，他们还会注意到我们这颗行星与其他众多行星之间存在差异，而这种差异可能正是生命存在的证据。我们当然值得他们进行更仔细的观察。这就是天文学家定义生物印记（例如此处的大气生物标记）的出发点。

因此，更现实的办法可能是首先识别出生命的特征。然而对那些变化的始作俑者，也就是生命体本身，我们应该如何处理呢？我在前面曾经提到过：当面对如何在宇宙中搜寻生命的问题时，我们应当以我们关于地球生命的知识为起点，然后确定应该沿着什么方向将这种知识进行合理的外推。

从这个角度出发，我们首先应该对地球上最简单的生命体——单细胞的细菌和古生菌进行考察。[viii]不论就哪个方面而言，这些生命体都是地球生命的主宰。细菌和古生菌构成了今天地球生命体物质量（即生物量）的最大来源，并且自这颗行星出现生命以来就一直存在，跨越了 35 亿至 40 亿年的时间。（与之相比较，恐龙统治地球的时间只有大约 1.65 亿年，而我们人类才不过 200 万年，不过我们的统治期仍在继续。）

关键在于简化思路。如果你工作的实验室正在建造成套设备，准备对某颗遥远的行星或卫星进行远程生命搜寻，尤其需要如此。你的成功可能就在于造出一套能探测到外星生命留下的生物印记的设备。做到这一点（此时你应该已经收获了无数科学奖项）之后，你才能开始思考下面的问题：怎样才能知道这些太空怪物长成什么模样？由什么构成？

接触

我们能在哪里找到新的生命呢？有没有可能在取自土星卫星泰坦[①]的菌泥样本中发现生命特征？或者在对某个太阳系外行

---

① 泰坦（Titan），即土卫六，土星最大和太阳系第二大的卫星，在 1655 年为惠更斯所发现。

星的观测中发现大气生物标记？它会不会是一种诞生于地球上的试管中的人造生命？我们会不会收到一条来自远方智慧生命的私人消息？以上这些可能都存在。然而对于一个资源有限的科学家来说，真正的挑战在于决定应该从哪个方向开展对生命的搜寻。一言以蔽之：如果你有钱资助一个太空探索计划，你会选择让它去往何方？

当我对我的学生们提出这些问题时，他们中大多数人的选择是菌泥和生物标记，有几个人选择了试管生命，只有一两个人选择耐心等待电话铃声响起。他们的答案在很大程度上反映了他们的背景——受过良好科学教育的大学学生。提问的目的在于促使他们设想某种（在科学上站得住脚的）与新生命形态的接触情境，并思考我们在面对它们时，在个人层面和科学层面应该做出何种应对。

下面是一个更有意思的问题：我们什么时候才能发现新的生命？10 年？100 年？还是 1 000 年？答案仍然有赖于你的态度。10 年也许是过于乐观了。[ix] 这相当于假定在我们已经开展探索的地方有大量生命存在，并且我们已经在那里安装了可以精确识别生命的设备。而 1 000 年又未免过于悲观，相当于将发现置于某个遥远的未来世代——它对我们目前的努力而言遥不可及，会让人们认为近期成功的概率等于零。

100 年这个答案就要有趣得多。它的长度以 10 年计，与一个人一生的长度差不多，与进行一次前往木星或土星的无人太空航行所需的设计、建造、发射和研究时间也差不多。此外，要建造出能探测遥远的太阳系外行星大气层的下一代大型望远镜，差不多也需要这么长时间（当前我们正在建造直径为 30 米的望远镜）。看上去，100 年是一个比较可行的时间，只要……只要我们能做出明智的抉择，只要我们能在尝试中一直保持勇气，只要我们有足够好的运气（我们将在本书中讲到一些关于坏运气的故事）。

亿万英里的远航

人类已经发现有大量新世界环绕那些遥远恒星运行，并且已经发射了许多航天探测器，让我们可以对太阳系内的地外世界进行越来越精密的科学考察。因此，对地外生命的搜寻目前正处于一场革命的前夕。这场革命与将望远镜引入天文学的那场革命相比也毫不逊色。我们的知识正在以惊人的速度增长，然而，由于我们至今仍未有任何可靠的生命探测结果，这些知识仍然谈不上完备。

本书的目的在于促使当代天体生物学界将精力集中在 5 种相对可靠的外星生命发现可能性上。我已经听到你在发问了：为什么是 5 种？也许主要是因为"相对可靠"并不等于"很有可能"。如果我试图宣称在某一个方向、某一颗行星或卫星上有发现地外生命的最大可能，那么我一定是在信口开河，而不是尊重科学。反过来，如果我向你列出关于寻找外星人的所有想法，那又等于无视我们只能支持和追求有限几种科学努力的现实。因此，将精力集中在 5 种发现外星生命的可能性上，我们就有希望在上述两个极端之间取得某种平衡。

一个事实是，我们甚至已经可以对宇宙中某个特定地点可能出现的生命体形态进行推测。这足以证明天体生物学在过去 20 年中取得了多么大的进展。但是，这样的推测是否站得住脚呢？抑或只是科学家的一缕遐想？要回答这些问题，就应当考虑到任何新的科学实验都需要某种程度的猜测：如果你已经准确知道会得到什么样的结果，那做实验还有何必要呢？[x] 一个正在计划大型宇宙探索项目的科学家团队也做出了他们的推测，而本书的推测与他们的推测基本一致。

这个团队曾于 2012 年 8 月将美国国家航空航天局（NASA）的"好奇号"（Curiosity）漫游车送上火星着陆。他们并不完全清楚"好奇号"将会有什么发现。此前的火星任务已经发现了大量间接证据，表明火星表面地质状况可能受到液态水作用影响。"好奇号"在飞往火星时搭载了一整套设备，以我们当时所积累的全部火星知识为基础，这些设备可以让我们得到新的发现。那些尚未列入日程的未来的火星任务还会在火星上某些特定区域对特定的生物体留下的痕迹展开搜寻。如果探测任务由机器执行，那么技术团队就不得不对火星上可能发现的生命形态做出推测，并设计出可能将它们识别出来的实验。如果他们的推测合理，而火星上的确存在生命，他们的任务就有相当大的机会取得成功。

然而如果他们的推论出现了差错，或者火星上根本不存在生命，或者他们的运气不够好，那么失望就会不可避免。

因此，我们为自己设定了一个前提：要为至少 5 种搜寻外星生命的假定情境积累足够的科学数据，以及就我们可能发现什么样的生命做出尽可能可靠的推测。当然仍存在巨大的不确定性，但也有一部分挑战的刺激。我们可以自由地做出选择——无论它是好是坏，可靠还是不可靠——而这些抉择可能令我们取得成功，也可能将我们引向失败。作为结束语，没有比朱塞佩·科科尼[①]和菲利普·莫里森[②]在 1959 年为寻找外星智慧生命而挑战科学界时所说的话更有力的句子了：成功的可能性难以估算，但如果我们不去寻找，成功的概率就是零。

注释

i 如果某位未来的外星人正在阅读本书，请原谅我的后知后觉。

ii 即水星、金星、火星、木星和土星。

[①] 朱塞佩·科科尼（Giuseppe Cocconi，1914—2008），意大利粒子物理学家。他和美国物理学家菲利普·莫里森于 1959 年共同提出了通过无线电天线搜寻地外智慧生命的概念。
[②] 菲利普·莫里森（Philip Morrison，1915—2005），美国物理学家，曾在"二战"中参与曼哈顿计划。

iii 这些便利包括容易取得的建筑材料、丰富的学术生活和社会生活，当然还有舒适的住宿条件。

iv 斯基亚帕雷利使用了一台 8.6 英寸（1 英寸约等于 2.54 厘米）口径的望远镜。洛厄尔则有 12 英寸和 16 英寸口径的望远镜各一台可用。

v 但是，对迈克尔·布朗（加州理工学院行星科学家，阋神星的发现者之一。阋神星的发现导致冥王星被降级为矮行星。——译者注）和国际天文学联合会来说显然并非如此。不妨一读布朗的著作《我是如何杀死冥王星的，以及它为何命该如此》（*How I Killed Pluto and Why It Had It Coming*）。这是一部关于一颗行星走向衰亡的精彩历史。

vi 啊哈，这是一个新的计量单位！任何物体能达到的最低温度为零下 273 摄氏度。在这一温度下，物体没有任何热能。人们将它定义为 0 开尔文。由于开氏温标和摄氏温标的每一度是一样的，因此 0 摄氏度就等于 273 开尔文。

vii 也许你会对此感到疑惑。是这样的：0.1 与 1 相差一个数量级，或者说相差 10 倍。以 1×10^{-10} 这个数字为例，它与 1 相差 10 个数量级。跟数字 1 比起来，这才是真正的小数字。

viii 在现代关于生命树的三界分类法中，细菌和古生菌是两个不同的分支。它们都是单细胞的原核生物（细胞中缺少清晰的细胞核）。第三个分支是真核生物，包括所有拥有有核细胞的单细胞生物和多细胞生物。你就是一个真核生物。尽管与传统的基于外形（例如脊椎、眼睛、对生拇指）的分类法比起来，这种对生命的三界分类可能没有那么直观，但在基于生物化学过程的生命系统分类法中，它是最简单也最有效的。

ix 你若不相信，不妨来证明我是错的。

x 比如说，尽管你完全可以每天醒来都往地上扔一个苹果以验证万有引力定律，但更合理的做法是相信万有引力定律依然没有失效。

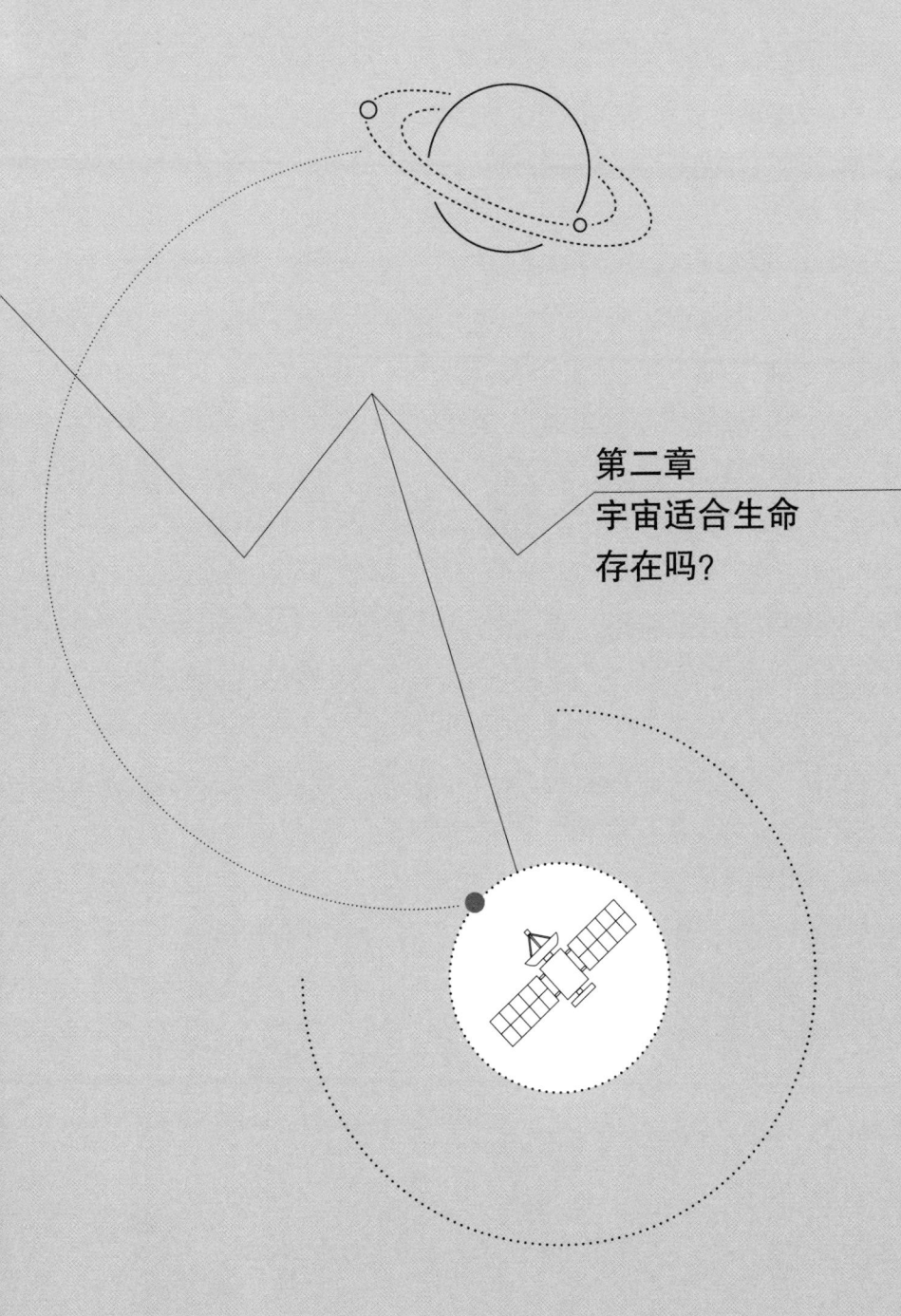

第二章
宇宙适合生命
存在吗?

浩瀚宇宙的各种特征为我们提供了最"大"的便利，让我们据此来构思关于宇宙生命的问题。宇宙的年龄和尺度会在何种意义上影响我们对生命的寻找？地球生命所必需的组成物质从何而来？是否来自宇宙中别的地方？生命最早起源于宇宙历史的哪一时期？如果我们的太阳系形成时间提前很多，地球是否还能出现？生命是否还能出现？还有，我们到底能在宇宙的什么地方找到生命？是在太阳系附近，在银河系内部，还是在整个宇宙中？

夜空黑暗，却遍布星辰

　　宇宙有多大？它是一直就在那里，还是只存在了有限的、较短的一段时间？答案需要在我们头顶的天空中去寻找。你是否曾抬头仰望夜空，却并不为眼中那些恒星和星系感到太多惊讶，反而好奇为何它们之间会有黑色的天空？为何夜空是黑色的，这个问题通常被称为奥伯斯佯谬①。如果我们把这个悖论拆开来，再根据现代宇宙学提供的指南将它重新组合，我们就能从中了解到一些关于宇宙的深刻事实。简单说来，宇宙在空间上可能并不存在物理边界。它可能是无限的。不过，宇宙的确起源于某个特定的时间，因此它的年龄是有限的。再考虑到光以固定速度传播，那么宇宙年龄有限这个事实就意味着：我们在任何时刻都只能看到宇宙有限的一部分，即其发出的光线已经抵达我们这里的那一部分宇宙。我们将这个边界称为宇宙视界，它界定了可观测宇宙，将之与视界之外无法被我们看到的那部分宇宙区别开来。

至此，你完全有理由要求我少一些深奥的思维跳跃，给出更多解释。那么，为何黑色的夜空会将我们引向一个有确定年龄的可观测宇宙的观念？海因里希·奥伯斯和他的同侪设想了一个空间无限大的宇宙，恒星在这个宇宙的任何部分都均匀地分布着。无论你往哪个方向看，也就是望向天空的任何位置，你的目光都会落在一颗恒星上。这些恒星有远有近，但如果宇宙的年龄也是无限大的话，我们势必会看到所有的恒星。

远一些的恒星难道不会暗淡一些吗？没错，这是一个很好的问题。为了回答它，我必须讲到天文学家们对"物体距离我们

---

① 奥伯斯佯谬（Olbers paradox），由德国天文学家海因里希·奥伯斯（Heinrich Wilhelm Matthias Olbers，1758—1840）于 1823 年提出。佯谬指出：若宇宙是稳恒态的和无限的，则夜空应该是明亮的而不是黑暗的。

越远就会越暗淡"这一问题的解释。一种办法是用其表面亮度（即亮度除以视尺寸）来描述恒星。我们假定这些恒星与太阳的表面亮度相等。太阳在我们眼中的视直径大约为 0.5 度。[i] 用表面亮度乘以视尺寸就可以得到太阳真正的总亮度。如果我们将太阳向远处移动，它的表面亮度不会改变，改变的是它的视尺寸。物体距离我们越远，就会显得越小。一颗极远的恒星与较近的恒星拥有相同的表面亮度，只是看起来小得多，因此也就暗淡得多。然而，如果无论我们的视线投向何处最终都会落在一颗恒星上，而每颗恒星都拥有相同的表面亮度，那会发生什么？在这种情况下，遥远恒星较小的视尺寸就不再是问题了，只要某个方向上代表恒星圆面的小圆圈彼此发生重叠，这个方向上天空的表面亮度就会与一颗单独恒星的表面亮度相等。这样一来，天空在我们眼中就会是一颗巨大的恒星。

然而真实的天空并非如此，不是吗？因此我们一定是在什么地方出了错。如果我们回溯上面的步骤，能做出什么样的改动呢？我们可以在空间上加上边界，让宇宙变得有限。我们可以让星星只坐落在宇宙中的某些部分，而不是所有区域。（我们还可以设定遥远的恒星的表面亮度更低，等等，不过我想意思已经足够明白了。）我们还能让宇宙在时间上变得有限，这样一来，向我们射来的光线的传播时间就是有限的，因此我们无法看到整个宇宙。奥伯斯所在的 19 世纪的天文学无法给出一个确定的答案。我们需要一种新的宇宙观。

星云的领域

1929 年，埃德温·哈勃[①]发表了一系列观测结果。这些数据显示宇宙似乎正在各个方向上以相同的速度发生膨胀，远离我们。实际上我们似乎正处于一次星系大爆炸的中心。哈勃注意到，他在星系样本中选择的参考恒星的亮度与他从各星系分散光谱图像中测得的视向速度[②]变化有关，或者说具有相关性。由于亮度与距离有关，而远离速度会造成光波谱线向红色端移动，因此我们将哈勃的发现称为距离–红移关系。然而我们的位置到底有什么特别之处，以至于宇宙的其余部分都远离我们呢？现代宇宙学的故事总是能够激发人的想象，因为理论学家和观测者所提供的一些线索以松散的方式交织在一起。在这种情况下，两名欧洲宇宙学家的研究几乎没有引起哈勃的注意，却有效地将爱因斯坦的广义相对论转换成了一种可以用来描述宇宙本身的语言。[ii]

由于拥有弹道数学方面的知识，亚历山大·弗里德曼[③]在第一次世界大战期间曾作为一名炮兵观察员学以致用。他在 1922 年证明：宇宙在爱因斯坦理论描述下应该是一个动态的整体，随

---

① 埃德温·哈勃（Edwin Hubble, 1889—1953），美国天文学家。他证实了银河系外其他星系的存在，发现了大多数星系都存在红移现象，建立了哈勃定律，被视为星系天文学和观测宇宙学的开拓者。

② 视向速度（Apparent velocity），即被测物体在视线方向上的速度。

③ 亚历山大·弗里德曼（Alexander Friedmann, 1888—1925），苏联数学家、气象学家、宇宙学家。

着时间的流逝，其物理尺寸要么增大，要么缩小。事实上，让宇宙保持静态在数学上更难做到。1927 年，乔治·勒梅特①解释了如何从弗里德曼的膨胀宇宙研究自然地推导出距离与红移之间的联系。两年后，这种联系为哈勃所证实。

勒梅特的解释中的微妙之处在于：膨胀发生于宇宙的整体构造上，即我们所谓的时空上，而星系则载于其中，顺势而行。某个星系中的观测者会看到其他所有星系都远离他而去，而另一个星系中的观测者也会看到完全相同的效应。宇宙膨胀令人迷惑的后果在于每个星系似乎都是整个膨胀过程的中心。此外勒梅特还认识到：如果我们在数学上倒拨时钟，遍布宇宙的星系就会互相靠拢，并在过去的某个时刻聚在一起。在他的数学模型中，这个时刻就是我们所认为的宇宙的起点。这个起点在后来将被称为"大爆炸"，大爆炸与今天之间的时间就是宇宙的年龄。

哈勃以如下方式对距离–红移关系进行了描述：星系远离速度=H×观测者与星系之间的距离。在当前的宇宙中，H的值就是天文学家们所说的哈勃常数。利用哈勃的方程，我们可以提出一个有趣的问题：假设一个星系的远离速度在宇宙历史中并未发生显著的变化，我们需要将时钟回拨多少，才能让所有星系聚集成最初的团块？实际上，时间就等于距离除以速度。因此如果你用哈勃方程将两者联系起来，就会发现所需的时间为 $1/H$。目

① 乔治·勒梅特（Georges Lemaître，1894—1966），比利时天主教神父、宇宙学家。

前哈勃常数的值约为 70 千米/秒/百万秒差距（这个单位并没有看上去那么难以理解，它的意思是如果某个星系与我们之间的距离为 1 个百万秒差距[①]——即 326 万光年——它看上去就会以 70 千米/秒的速度远离我们）。此外，如果我们再考虑到在宇宙历史中星系的膨胀速度实际上发生过轻微的变化，就能通过这个哈勃常数的值知道目前宇宙的年龄为 138 亿年。

原来，宇宙的年龄不止 6 000 年？没错，当然不止。值得注意的是，弗里德曼、勒梅特和哈勃的研究在 20 世纪 30 年代被结合起来，标志着人类第一次对宇宙年龄的科学测定。由于测量不够准确，当时得到的宇宙年龄约为 10 亿年，而不是我们现在认可的这个数值。当天文学界取得的数据、对地球岩石进行的第一次放射性年代测量，还有新兴的核物理学对恒星寿命的计算结果三者结合起来之后，呈现在人们眼前的是一幅惊人的图景：地球、恒星和整个宇宙都比我们从前所能想象的要古老得多——不是几千年，也不是几百万年，而是比这还要古老千万倍。

先不提科学为我们的集体意识带来的这次巨大震动，让我们来看对奥伯斯佯谬的回答：宇宙开始于某个确定的时间点。我们今天能观测到的最遥远的光线在抵达地球之前已经旅行了 138 亿年，这就是所谓可观测宇宙的范围。那么可观测宇宙之外又是什

---

① 秒差距（Parsec），建立在恒星视差基础上的天文学长度单位，1 个秒差距指一个日地距离，即 1 秒差距 = 3.261 6 光年。文中 1 个百万秒差距即约 326 万光年。

么呢？也许还有很多东西。宇宙可能的确是无限的，只是我们暂时还不知道，那里发出的光还没有抵达我们这里。随着时间的流逝，可观测宇宙也会变得越来越大。不过，时间只能一年一年地过，希望你能喜欢宇宙现在的样子，因为离它改变模样还早得很呢。[iii]

时钟嘀嗒作响

那么，这138亿年来，宇宙中都发生了些什么呢？在这个宇宙尺度的巨大时间范围内，生命位于哪一个刻度上？在各种对宇宙历史的思考中，最巧妙也最容易理解的办法之一就是将整个宇宙时间压缩为一年，然后在这一年的日历中寻找各种事件的发生时间。这样一来，大爆炸就发生在1月1日这一开端。而你读到这本书的时候，12月31日行将结束。在过去的这一年中，你能找到哪些重大事件呢？

在其最初的时刻，宇宙以纯能量的形态发生膨胀。随后粒子物理学开始主宰一切，各种基本粒子挣脱束缚，如同一群从动物园中获得自由的动物，在整个宇宙内四散奔逃。[iv]组成你我的那些物质开始出现，不过刚开始还只是相对论的粥锅中的一些基本粒子。随着宇宙继续膨胀，粥锅开始冷却，原子物质（这是今天的我们比较熟悉的一个名词）在大爆炸的余烬中开始形成：有氢，有氦，还有一点点的锂以及它们的同位素。然后，这些原子物质凝聚起来，形成宇宙中的第一种结构——缓慢冷却的气体云。

第一批恒星形成于1月第一个星期的末尾，也就是大爆炸之后几百万年左右。此后不久，第一批星系也出现了。不过，要等到3月，也就是100亿年前，银河系才大致成型。8月（50亿年前）是我们的幸运月，因为太阳诞生于这一时间，而且它诞生之后不久，太阳系的各大行星也形成了。到了9月，也就是地球形成之后几亿年，它上面出现了第一种脆弱且微小的生命，即简单的单细胞生物。

直到11月，即20亿年之后，生命才超越了它最初的简单阶段，走上了通往更复杂的多细胞形态的道路。在12月到来之际，地球上最高级的生命基本上还是一团黏液。此后却发生了一个有趣的变化，出于某些我们今天只能猜测的原因，地球的状况乃至生命本身达到了一个临界点，爆炸式的进化活动创造出大量复杂的生命形态，这次事件发生于12月15日，即约5.4亿年前。由于它在地质学年代上所处的位置，我们称之为寒武纪大爆发。

此时的生命还处在进化阶梯的最下面几级上。恐龙出现于圣诞节前夜，我们的第一批哺乳动物祖先则出现于圣诞节当天。恐龙可能在圣诞节期间玩得太过火，在12月29日这天（也就是6 500万年前）因为一次小行星撞击而灭绝。这次事件至少带来了一个后果：它对生物进化的游乐场进行了一次大扫除，让一些毫不起眼的哺乳动物得以进化，进入那些刚刚被清空的梯级。直到新年前一天，才有一群哺乳动物打起精神，开始思考将来的问题——这一点倒是与我们现代人颇为相似。大约在当天上午 10 点 15 分，第一批猿类出现了，然而它们在进化的努力中磕磕绊绊了整整 11 个小时（也就是 1 700 万年），直到晚上 9 点 24 分才学会直立行走。15 秒钟前，我们才学会了书写，不过那之后仅仅 5 秒就建起了金字塔，表现不错。最后，如同在喘息中冲向终点线的马拉松选手一样，克里斯托弗·哥伦布（Christopher Columbus）在距离新年还有 1 秒钟时才抵达美洲。现在可以喘口气了，你已经跑过了漫长的路程。

如果我们将宇宙历史按顺序重放一遍，生命会出现得更早一些吗？地球上的生物是否能比现在表现得更好？或者，由于突破了某种不利于复杂生命的普遍趋势，我们已经算得上是优等生？如果我们将宇宙中的条件稍加变动，又会发生什么？生命是否会沿着不同的道路进化？甚至，我们是否有必要将注意力集中在复杂生命上？难道简单生命（即便与地球上的不同）不够有趣吗？这些问题的答案取决于你打算怎样对待它们，是为了在谈论电影时有些谈资，还是为了了解生命过程。要理解在何种条件下宇宙中才会出现或不会出现生命，我们首先需要考察生命体的构成成分，以及这些成分从何而来。

我们都是恒星物质

元素周期表堪称一件艺术品，同时也是有史以来最为成功的科学图表。[vi]它对每一种已知的化学元素都做出了描述，并以惊人的明晰度揭示了每个原子内部隐藏结构呈现出的规律。这张表格中的每种元素都以其原子量（实际上就是其中所含质子的数目）描述，构成一个序列。氢原子只有一个质子，氦原子有两个质子（且正好也有两个中子），锂原子有三个质子，诸如此类。它使得我们可以对自然界的一些基本问题做出解答（这些问题是如此基础，你可能根本没有想到过）：是否存在一种比氢还要轻的元素？在氢和氦之间是否存在一种未知元素？这两个问题的答案都是否定的，因为你无法用半个质子来构成一个原子核，元素周期表中也没有空格。我们已经了解了自然界中从氢到铀（铀原子有 92 个质子）的每一种元素，甚至还知道比铀还要重的元素序列，即所谓超铀元素。超铀元素具有放射性，并不稳定，因此寿命不长，只在核实验室中被制造和研究。

这些元素都来自何处呢？难道地球有什么得天独厚的优势，因此集齐了全部？让我们回到起点去看一看，如果你从大爆炸那一刻开始数数，那么在你数到 200 左右的时候，可观测宇宙的直径约为 1 光年。所有被我们认为是"普通"物质的东西，即质子、中子和电子，此时都还处于等离子态，温度高达数百万摄氏度。此时，原初核合成时期（这是一个短暂的核合成早期阶段，不过在整个年轻的宇宙中到处都发生着）刚刚结束。从你我的角度来看，这段时间宇宙的物质生产效率并不算太高，遍布宇宙的氢元素中约有 25% 聚变为氦。这些氦元素中的少部分[vii]进一步聚变为锂，然后就到此为止了，从宇宙诞生的最初几分钟到大约6亿年后之间，没有任何新元素出现。

在剧烈却有限的活动之后，有这么长的一段休整期似乎有些说不过去，然而这段间隙的出现却并非没有理由。只有在温度和密度极高的状态下，核聚变才会发生。[viii]在宇宙早期，这样的条件持续了几分钟，而它的下一次出现就要到第一批恒星形成的时候了。第一代恒星核心位置的温度和密度条件再一次点燃了核聚变之火。

本质上，恒星可以被视为一个个核燃料压力锅。在恒星中，各种元素纷纷聚合，犹如一场核暴乱。聚变产生出的原子核越来越重，直至铁元素（每个铁原子拥有26个质子）的诞生。核物理学的性质规定：两个轻于铁的原子核发生聚变时，爆发出的能量通常比达到聚变温度所需的能量要多一些，这部分能量让等离子体保持高温，使更多的聚变得以发生。然而，对于铁元素之后的各种元素，每次聚变都会消耗一些能量，让这场聚变盛宴的温度降低。最终的结果就是：恒星，尤其是巨大的恒星，在创造铁元素及它之前各种元素时效率较高，而在创造铁之后的元素时却并非如此。

在元素周期表中，铁元素的位置还在前1/3内。我们怎样才能将这份表格填满呢？在一颗恒星生命的尽头，来自其外层结构的巨大压力已经不足以催生其核心部分的聚变，这将引发一场灾难。那些质量较小（太阳质量的数倍）的恒星的归宿是成为白矮星，也就是从前炽热的恒星核心留下的一块恒星余烬。聚变之火已经熄灭，而这个滚烫的炭块将会慢慢冷却（真的相当慢），暗淡下去。

质量更高的恒星面临的命运则完全不同。白矮星不会在自身引力作用下坍缩，按照量子不相容原理①的解释，这颗死亡恒星中的电子不能被挤压得过于紧密。这种作用被我们称为电子简并压力。然而，对于更大的恒星而言，电子简并压力无法抵消巨大引力产生的压力。恒星的死亡核心将会坍缩成一颗中子星，其直径只有十几千米，由中子简并压力而非电子简并压力支撑。^{ix} 与之对比，太阳的半径约为 70 万千米，大约是一颗中子星半径的10 万倍。在恒星死亡的过程中，恒星外层结构在引力的作用下坍入中子星，由此造成的物质密度和温度会引发最后的、吞噬一切的聚变，带来一次巨大的核爆炸。这次爆炸会制造出元素周期表上直到铀（乃至铀之后）的各种元素，并将它们暴烈地抛入太空。这就是一次超新星爆发。

尽管看似让人难以相信，但在宇宙的生命故事中，超新星爆发扮演了重要的角色：它们完成了元素周期表上各种原子核的制造工作，并且发挥了传播作用，让它们周围的空间充满各种各样的新元素。如今你周围氢和氦之外的各种元素，以及在生命过程中发挥作用的一切元素——比如通过血液流遍全身的血红蛋白

---

① 量子不相容原理（quantum exclusion principle），通称泡利不相容原理，由奥地利物理学家沃尔夫冈·泡利（Wolfgang Pauli，1900—1958）于 1925 年提出。该原理规定两个费米子（电子是费米子之一）在同一个量子系统中无法占据同一量子态。

中的铁，还有叶绿素分子核心的镁——最初都来自某颗恒星的核心，都来自一次超新星爆发。

我们在宇宙中的位置

现在我们知道宇宙已经 138 亿岁了。它十分巨大，很可能在空间上也是无限的，而恒星和超新星创造出的大量元素则散布于整个空间。我现在打算考察的是地球、太阳以及整个太阳系在这广大的宇宙地图中处于什么位置，它们是如何形成的，是出于极端的巧合，还是仅仅是一个普通事件。

第一批恒星和超新星出现之后不久，也就是大爆炸之后几亿年，我们就离开了宇宙膨胀这条故事线。似乎是为了与宇宙的膨胀形成对照，物质开始在引力的作用下聚集起来。气体云发生坍缩，互相碰撞，在旋转中形成各个星系的早期祖先。这些星系被其内部的新一代恒星点亮，成为我们今天看到的宏伟的恒星聚集地。星系之间的空间十分广袤，因此大型星系只有极小的概率发生碰撞并引起巨大的宇宙级车祸。在它们寿命中的大部分时间里，这些星系都彼此隔绝，独处一隅。在每一个这样的星际城市内部，一代又一代恒星从气体云和尘埃云中诞生，每一颗都因核聚变解放出来的能量而闪耀，每一次核反应都填满各自元素周期表上的一个空格。巨型恒星的最终归宿是爆炸。在爆炸中，重元素被抛散出去，又缓慢地聚集成后代恒星。

我们的太阳就诞生于一次较晚的恒星创生过程中。即便经历了好几代的恒星核合成过程，那片最终坍缩成太阳的气体云所富集的重元素^{x}也不过只占整个气团质量的2%。你有理由提出疑问：为什么重元素比例这么低？为什么不是10%、50%乃至更多？答案是：一颗恒星中的大部分物质永远没有机会参与核聚变。恒星外层（即其核心之外的部分）的作用仅在于提供重量。恒星核受到这些物质重量的挤压，才能创造出核聚变所需的温度和密度条件。一旦恒星核中那些轻元素燃料消耗殆尽，恒星就会发生演变，要么成为白矮星，要么变成超新星，而它的其余部分则会被抛入太空。

因此，我们的太阳及整个太阳系的前身就是一团缓慢翻滚的浓缩气体云。云团在冷却过程中会向其自身坍缩，旋转速度不断加快，逐渐呈现为扁平的盘状。位于这个圆盘中心的气体不断堆积，直到其核心温度和密度触发聚变。我们的太阳就此诞生。聚变释放出的光会照亮这个圆盘的气态外缘，并将大量物质吹散。留下的重元素尘埃则开始聚集成微粒。这个过程一开始相当缓慢。微粒携带的微量静电荷会吸引更多的微粒，进而聚集成团。在引力作用下，这些微粒团不断变大，成为岩石。在这场宏伟而混乱的碰碰车游戏中，它们互相碰撞，互相摧毁，有时也彼此粘连。

游戏的胜出者继续变大，成为今天为我们所熟悉的各个行星。每一颗成长中的行星都会吞噬它运行轨道上的物质，如同某种凶猛的宇宙掠食者。处于外围的行星可以捕捉到太阳系寒冷边缘的大量冷却气体，因此容易变得更大，形成了我们今天所知的几个气态巨行星——木星、土星、天王星和海王星。由于年轻的太阳释放出的热量，太阳系内部地带的不稳定元素被驱赶一空，只有几颗岩石行星得以保留，即水星、金星、地球和火星。其余的不过是一堆碎片，即火星和木星之间的小行星带以及海王星之外的柯伊伯带①。[xi]

这样的故事是否只在我们的太阳系上演呢？如果考虑到细节的话，的确如此。这种行星排列也许是独一无二的，只出现在我们的太阳系。然而从广泛的意义上来说，答案则是否定的，因为我们在许多年轻恒星周围都观测到了旋转的气体和尘埃云。其中一些呈碟形，还有一些甚至显示出团块密布的公转轨道，看上去正像是行星的成长地。因此，我们认为行星与其系统内的年轻恒星一样，都诞生于富集重元素的气体。天文学家将这些重元素统称为"金属"。岩石行星以及气态巨行星的内核都由这些金属构成。它们类似房屋修建的原材料，数量越多，也许就能生成更多的行星或行星种类。不过关于这一点我们还无法确定。我们只知道既然形成行星需要金属，那么多一点金属总比少一点好。除此之外，关于行星形成的细节，我们的知识少得可怜。

地球是否有可能在宇宙历史中出现得更早一些呢？随着每

---

① 柯伊伯带（Kuiper belt），指太阳系中海王星轨道外侧黄道面附近天体密集的圆盘状区域，类似小行星带，但相对大得多。

一代恒星的消亡，星际气团中的金属富集程度都会增加一些。我们不知道行星的形成是否需要一个特定的金属量阈值。一般说来，在宇宙历史中越是靠前，金属含量越低，因此也许更难收集足以形成行星的材料。然而，局部地区的巨型恒星群会很快发生爆炸，向附近空间抛撒出重元素残渣。所以此时我们只能认为：行星系统的形成在宇宙历史的更早阶段可能更加困难，但却无法完全排除这种可能性（科学家们经常避免正面作答，这有时真让人恼火）。不过我们可以确定的是：有恒星的地方就会出现化学物质的增多。这些物质还远不是直接构成生命体的材料，却是复杂化学反应的原材料，并且含量丰富，遍布于银河系乃至当今宇宙中的每个星系。

银河系之外

从太阳系到最近的恒星系统半人马座阿尔法（Alpha Centauri）的距离为 4.3 光年，到银河系核心的距离为 26 000 光年，而离我们最近的河外星系是仙女座（Andromeda），距离地球 250 万光年。如果你今夜走出家门，仰望星空中的仙女星系——它看上去只是一个暗淡的小斑点——你看到的星光来自 250 万年前。这些光线从仙女星系出发时，早期人类祖先还在学习如何制造石器。仙女星系和银河系共同组成一个群落，被称为"本星系群"。在本星系群之外，大型星系之间的常见距离是 1 500 万光年。

星系间的距离之大令人难以想象。即使有朝一日我们能够向最邻近的恒星发射出第一个空间探测器，前往最近河外星系的可能性仍然只能存在于科幻小说中。此外，我们将在接下来的章节中讲到的许多种观测手段——比如通过行星造成的多普勒效应迹象或重复性的行星凌日①等线索来寻找它们——在如此巨大的距离上都会失效。我们将会了解到人类的"搜寻地外智慧生命"（SETI②），也会了解到人们对星际对话的渴望。但是，和在银河系内部进行光速旅行所需的时间相比，1 500万年太过漫长，长到难以指望另一头会有人拿起电话回答我们。

当下，我们在宇宙中寻找生命时需要认识到这样一个现实：如果将太阳系比作我们所住的街道，将银河系比作我们的城市，我们对生命的搜寻仅限于向家门外的大街送出探测器，以及对位于近郊的星际街区进行远程观察。其他星系真的太过遥远，遥不可及。

没有尽头的宇宙

我希望此时你已经理解了我在第一章中做出的评论：在一个无限大的宇宙中，包括生命在内的一切事件都不仅是可能的，

---

① 凌日，原指行星从太阳前方掠过，本书为方便理解，引申为行星从其母星前方掠过，并造成母星亮度变化的现象。

② SETI，"搜寻地外智慧生命"（search for extraterrestrial intelligence）的缩写，是对所有致力于地外文明搜寻的团体统称。

而且是确定会发生的。每个星系都包含着数以千亿计的恒星，每颗恒星可能都有一个行星系统。在银河系之外，可观测宇宙中的星系数量可能同样数以千亿计。仅以此计，可能存在的行星数量便可达到 10^{22} 这个数量级。然而在我们的宇宙视界之外的宇宙还可能是无限的，这就让可能的生命栖居地的数量从仅仅是"许多"飞跃到了严格的"无限多"。不过请不要忘记：这样的数字头脑风暴并不能让我们更接近于发现地外生命。所以，让我们从太阳系开始吧。

注释

i 把你的胳膊向前伸出，眼睛盯着小指头。此刻小指头覆盖的角度大约为 1 度。以地球为观察点的话，太阳（以及满月——用眼睛直视月亮毕竟要安全得多）在天空中占据的角度大约为你的小指头的一半。

ii 我不打算在此一一列举爱因斯坦的众多宏伟著作。只要一句话就够了：爱因斯坦发表于 1915 年的广义相对论，从物质、能量以及时空几何之间相互关系的角度对引力做出了解释。

iii 这个说法在你的一生中都会是正确的，不过对更久远的将来而言呢？目前的观测显示，宇宙的膨胀速度在不断增大。如果这种情况得到证实，那么宇宙视界的扩张将会变慢，并最终在一个极大而且确定的值上停滞下来。宇宙中每个不受银河系引力束缚的星系终将超出这个确定的边界。假如点缀此时天幕的星辰在那时都已经成为黑暗的恒星残骸（比如黑洞，还有冰冷的中子星或白矮星），夜空将会是一片无可救药的幽暗和孤寂。

iv 此处我采用的是对早期宇宙历史的一个定性描述。

v 如果灭绝恐龙的那颗小行星没有与地球相撞，会发生什么？这个假设既宏大又有趣，不过我并不打算在这里讨论。

vi 普里莫·莱维（Primo Levi）有一本精彩的书也叫"元素周期表"这个名字。

vii 在此表示每 1 000 万个粒子中有 1 个。

viii 严格地说，要将两个粒子发生聚变，只需要高温就够了。但是如果仅有高温而没有高密度的粒子，就不会有多少聚变反应发生。

ix 恒星质量超过某个界限之后，就连中子简并压力也不够用了。我们相信：在这个恒星质量界限之外，形成的将是黑洞而不是中子星，而恒星的剩余部分仍会发生超新星爆发。

x 指比氦重的元素。

xi 没错，说的就是冥王星。（冥王星现在仅是柯伊伯带中的一颗矮行星。——译者注）

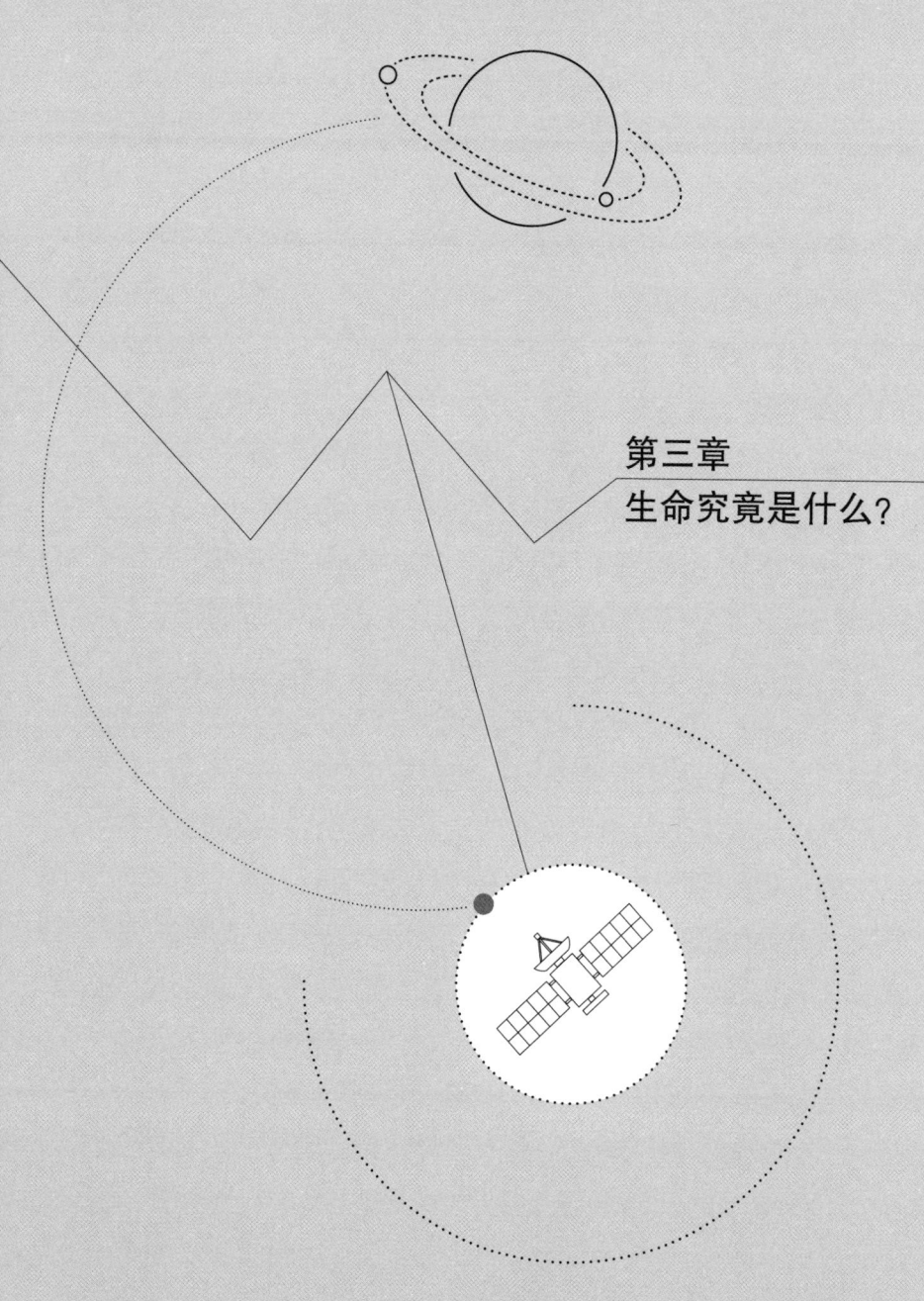

第三章

生命究竟是什么？

生命究竟是什么？地球生命又是怎么回事？就现在而言，这两个问题是无法分开回答的。我们所知的唯一生命就是地球生命，它定义了我们关于生命的全部知识，最起码它们都经得起验证和观察。只有通过发现新的生命（要么在地球上的实验室里把它们创造出来，要么在地球之外找到它们），我们才能对生命的本质有更深入的理解。目前，有一条基本原则大概可以确定：地球生命的出现和演化与地球本身相应的形成和演化过程紧密相关。从其早期年代开始，地球物理条件的变化就一直影响着生命的性质，反之亦然。

因此我们在这一章中要谈的事就很明确了：人们是否能在生命的定义上取得一致？生命到底是怎么回事？化学过程从哪个时刻开始变成了生物过程？早期的地球环境如何导致了生命的出现？关于地球生命的发展过程，我们能从化石记录和采自古岩的地球化学证据中了解到什么？最后，生命的演化是如何改变地球环境的？地球又是如何维持和调节地球上的生命的？

然而，从更广阔的视角出发，作为天体生物学家的我们还不得不提出下面的问题：上述问题在何种程度上有助于我们搜寻地外生命？哪些基本原则将被证明是有价值的？生命的出现是早期地球物理环境发展的自然结果吗？如果是，我们是否有理由期望所有与早期地球条件大致相同（比如拥有温和的大气层，拥有固态表面且表面部分地区覆盖着富含有机物的液体）的行星都会出现生命？一旦条件确定，又是哪些条件在决定生命的延续？哪些行星只能短暂地成为生命的居所？又有哪些行星能为生命提供长期的稳定？

如果我请你看着镜子里的自己，并做出描述，你会如何回答？你是否会将自己描述为一个生物，与地球上能找到的所有生物拥有某些共同的基本特征？你可以尝试一下以下面这种方式对自身展开思考：你身体的生物化学过程以细胞的方式组织起来；你是繁殖与进化的产物，在自己的生命过程中不断成长；你每天都进行着流动的新陈代谢，将（食物等）燃料转化成为身体提供动力的能量，并将身体功能保持在明确的运行范围之内。也许我的描述无法把握你的个人特征，但如果你要在更广泛的意义上定义生命，大概就不得不采用类似的描述。

对于"生命是什么"这样一个简单的问题，以上回答未免过于冗长。这反映出一个事实：生命是一种现象，而非一种简单的物理量。我可以用身高 6 英尺 3 英寸（约 1.9 米）、体重（此处数据已从印刷版中删去①）磅来描述自己，却不能称自己拥有 1.73 单位的生命。尽管不同生物的细胞拥有不同的复杂程度和活跃程度，不过将自己描述为约 10 万亿个细胞的组合体应该是一个有趣的角度。我想你大概明白我的意思了：生命是一系列相关的现象，无法简单度量。

如果我们有信心，认为自己是对宇宙的一个有价值的补充，那么以上讨论都非常有用。然而这些讨论是否让我们距离天体生物学的主要目标之一——判断生命的存在更近一些呢？也许你会认为没错，上面这些观念都很有用。假设我们发现一个样本以有序结构组织起来，展现出实现能量正循环的化学证据，还拥有一种既能对其结构的化学图谱进行编码，又允许这些结构被复制的机制，大概许多研究者就会认为这一发现物拥有足够多的地球生命特征，完全可以被视为一种生命。[i]

在本书后面的部分，我们将会离开地球，前往太阳系中的其他行星。届时我们将回到上面这个主题，并思考必须进行哪些科学试验才能在我们寻找生命的过程中获得确定的答案。而在现阶段，可以先就我们对生命定义的探求进行一些个人反思，希望你认为这样做对我们都有好处。

---

① 这里是作者的幽默，表示不愿公开自己的体重数据。

地球岛

　　地球这颗行星宛如我们所能拥有的最好的一艘太空船。它携带着大量的原材料，拥有一个能将太阳能转化为可利用燃料的维生系统，并保护我们免于太空中恶劣环境的影响。生命在地球上已经存在了近 40 亿年，这段时间内，地球表面环境的稳定性发挥了关键作用，使生命得以演化至其现代形态。为何这颗行星的物理特性（即其地质学特性）能为我们提供稳定的居所并保护我们免受伤害？这是一个有趣而值得思考的问题。

　　火山喷发形成地球大气层并维持至今。大气层的化学构成给我们带来了一点点微弱的温室效应（类似一张能吸收太阳辐射的保温毯），让地球表面得以保持温暖。[ii] 除了保持温度之外，大气层还提供了足够的压力，使地球表面大部分的水能保持液态。要想知道失去大气层的地球环境会变成什么样，只要看看月球就可以了。没有足够的温度，水就会结冰；降低气压，水就会沸腾。从这两个方面来看，大气层都是地球表面生命得以存在的关键。

　　地球的磁场保护着这层大气，让它不至于被太空的力量（尤其是构成太阳风的高能粒子）摧毁。由于无法穿透其磁场，太阳风只能在地球周围呼啸，仅在磁场无法保护的地球两极拂及大气层顶部（极光就是由来自太阳的带电粒子造成的）。如果没有地球磁场的保护，我们的大气层将会逐渐被电离，被剥除，最终被太阳风的能量蒸发，散入太空。

当地球内部发生强烈的地震时，我们如果倾听地震造成的震荡回声，就能分辨出地球磁场的来源。地震学研究已经向我们揭示了地球的内核结构：由镍和铁构成的液态外层包裹着一个固态的内核。炽热的地核外层如同一颗跳动的巨大心脏，其液态金属中则有着浩荡的对流，这些对流在我们的行星核心造成了大量的电子流动，这是真正意义上的"电流"。除此之外，这颗行星还在不断旋转，使其核心的电荷旋涡转动起来，形成一个巨大的磁场。这样一个液态金属核心加上地球的自转，如同一台行星级的发电机，驱动着这颗行星的磁场。两者缺一不可：如果降低地球的自转速度（让它变成第二个金星），或是让地核冷却成固态（像火星一样），地球的磁场就会遭到极大削弱。

所有这一切的根源都在于地质学，在于地球那个炽热熔融的内核带来的动力学过程。一个令人惊异的事实是：我们的地球生命建基于坚固的岩石，而这些岩石却不过是几片薄薄的壳，包裹在一个由岩浆和金属构成的沸腾球体之外。45亿年前，我们这颗行星在大量猛烈的碰撞中诞生，碰撞释放出的能量至今仍有余温，就保留在那颗熔核之中，成为如今地球内部热量的来源。[iii]地球的炽热核心就像一台庞大的发热机，驱动着各种地质变化过程，而这些地质变化过程则为地球这艘太空船提供动力，直到今天。

为了让未来的天体生物学家们保持开放的视角，我在此不打算断言某颗行星上的地质活动是否有助于增加地外生命存在的可能性。上面虽然讲到了地质学与生命之间的关系，但这并不意味着我们在搜寻地外生命时应该把注意力只放在那些地质活跃的世界上。不过，在宽泛的意义上而言，这些关系有助于我们理解地球的地质状况如何创造并维持让生命得以演化和繁荣的环境。假设我们发现某些太阳系外行星和卫星表现出与地球相似的地质过程，我们就能做出一些猜测：这些过程将在哪些情况下可能导致生命的产生或维持生命的存在？然而，与往常一样，我们并不排除收获惊喜的可能：也许某些新世界没有类似活动，是地质意义上的荒漠，却仍有存在生命绿洲的可能性。

达尔文的胜利

目前的地球生命呈现出多种多样的、复杂的外部形态。我们在身边就能看到无数关于生命的特殊性和适应性的例子：如果你正在观看一部关于自然的纪录片，此时画面上大概正用慢放的蒙太奇手法播放着蜂鸟、狮子、羚羊、树蛙以及其他各种激动人心的物种画面。

如果我们改变一下视角，将生命看作一系列相互联系的生物化学过程，就能发现所有（无一例外）地球生命共享着一组少得惊人的基础特征：生命的基本单位是细胞，也就是一小包淡盐水，然而其中发生的各种有机化学反应用几本教科书也讲不完。

真正令人震惊的是，每个细胞似乎都遵循着一套普通的、来自同一册生物化学入门课本的基本图谱。

一切生命都使用脱氧核糖核酸（DNA）对其基因信息进行编码。本质上，DNA就是一条由基本的分子"字母"（即C、A、G和T）[1]组成的长链。这些"字母"互相连接，形成一条精巧的双螺旋。它可以被视为一个分子级别的资料库，其中包含让一个生命体的生物化学过程得以进行的所有信息，还提供了将这些信息向下一代传递的机制。以相似的专门程度，每个细胞内部的化学交换也只使用一种能量"通货"单位——即基于三磷酸腺苷（即ATP）的一类磷酸基团。

如果生命的蛋白质生物化学过程是用一种语言来书写的话，这种语言的字母表有20个字母，每个字母都是一种氨基酸。令人迷惑的是：自然界中已知的氨基酸有约500种，那么为何各种生命会以这一小部分氨基酸为共同基础？生命还有一个更微妙的共同特征，表现为这些氨基酸（还有糖）分子在手性[2]（本质上即它们的分子形状，或曰手征性）上的一致。考虑到现代生命形态巨大的多样性，为何是这样一套简单的图谱在所有地球生命的身上留下了印记？

---

① 指DNA的核苷酸分子中的四种碱基，分别为C（胞嘧啶）、A（腺嘌呤）、G（鸟嘌呤）和T（胸腺嘧啶）。

② 手性（Chirality），在此指与其镜像对称却无法叠合的分子结构特征。具有手性的分子与其镜像分子的关系如左手与右手的关系。

外在形态的多样性、生物化学图谱的共同性，这是地球生命的两个互相对立的特征。这两个特征在细胞分裂与进化过程中得到调和。细胞的繁殖方式是将自己分裂为两个几乎完全一样的副本。自然选择会捕捉基因特征中的每一次小小变异，并像从秕糠中筛出麦粒一样，筛选出其中更能适应其环境的部分。进化行为使我们得以适应地球上复杂多变的环境，而外在形态的多样性只不过是进化的表现。[iv]

如果我们将这部电影倒放，又会出现什么样的画面？我们将会看到复杂生命的新特征逐渐消失，最终进入我们眼帘的，将是一个古老的单细胞生命体。它的生物化学结构简单而稳固：一份基于DNA的基因字母表，一种由ATP驱动的新陈代谢，还有一种用20个氨基酸表达的蛋白质化学过程。通过这份由现代生命所共享的生物化学图谱，我们得以一瞥所有地球生命共同早期祖先的身影。这是一个惊人而深刻的启示：我们与地球生命初现时刻之间的联系，就在于一条单一而绵延的细胞分裂演化路线。生命的这份基本生物化学图谱的持续性意味着这样一个事实：从出现的第一秒钟开始，生命就为自己找到了正确的基础，而且从未偏离。

达尔文在1871年写给友人约瑟夫·胡克[①]的一封信中已经看到了这样的图景。他在信中猜测生命可能起源于"一个温暖的小

---

① 约瑟夫·胡克（Joseph Dalton Hooker，1817—1911），英国著名植物学家和探险家，地理植物学的奠基人之一。他是达尔文的密友。

池塘，其中有各种铵盐和磷酸盐，也具备光、热和电等方面的条件，使得一种蛋白质化合物得以通过化学反应形成并能够面对更复杂的变化"。这是洞察力的飞跃，在一瞬间就从时间的无底深渊中发现了生命的起源，而这还只是达尔文的众多成就之一。在追随达尔文脚步的道路上，我们的科学努力才仅仅持续了大约140年。但是，通过对化石记录的运用和对地球岩石的原子化学分析，我们现在已经能够找到生命发展的线索并展开追踪，一路上溯到地球历史的太初年代。

冥古世界

地质学讲述的是地球的物理历史，在许多方面都堪称进化论的"兄长"。查尔斯·莱尔[①]在 1830 年出版了他的划时代著作《地质学原理》。这本书的主题是：地球的地质历史由各种作用缓慢却稳定的力量书写，这些力量的作用过程漫长得超乎人们的想象，只要拥有足够的洞察力，我们就能看到它们至今仍在发挥作用。当年轻的达尔文于 1831 年开始他在皇家海军"小猎犬号"（HMS Beagle）上的航程时，只带了这部书的第一卷（第二卷他只能等待邮政部门寄送）。莱尔的视野对达尔文关于世界的科学产生了深刻的影响，从此，进化论与地质学开始并肩成长。地质

①　查尔斯·莱尔（Charles Lyell，1797—1875），英国地质学家、均变说（uniformitarianism）的重要论述者。

学揭示了地球的漫长历史，为一代又一代生命体各种微小的进化变异提供了足够时间，让它们能够创造出现代生命所拥有的多样性。

现代地质学将地球历史分为四个主要的宙：冥古宙（最古老的宙）、太古宙、元古宙和显生宙。地球历史各宙的划分依据来自在不同阶段的岩石中发现的生命特征（或生命的缺失），从这一点我们可以看出地球历史与地球生命历史之间的紧密联系。

冥古宙包括地球历史中最早的各个阶段。关于这颗行星最古老的地质资料来自细小的锆矿晶体——它们的放射性年龄测定数据最大可达 44 亿年。ᵛ这些细小晶粒仅仅是早期地球表面的一些碎片遗留，通常以残渣的形态出现在一些同样算得上古老却远比它们年轻的岩石中。冥古宙的地球还处于年轻时代，覆盖在其熔融核心外的单薄外壳才刚刚开始固化。行星表面在内部受到剧烈火山活动的撕裂，在外部又遭到从天而降的原行星残骸的不断破坏——这些残骸在今天被我们称为小行星和彗星。

远古的狂轰滥炸在地球表面留下的疮痍已被 40 亿年的地质活动（其中包括火山活动、板块构造运动和从不缺席的风化过程）抹去。不过，月球表面仍完美地保留着这个遥远年代所留下的历史伤痕，从月球表面最古老的高地（其年代由"阿波罗 16 号"和 17 号带回的岩石用放射性测定法确定）到稍晚一些的月海（测定标本来自"阿波罗 11 号"、12 号、14 号和 15 号），月表陨石坑的密度变化告诉我们这种轰炸现象一直持续到约 39 亿年前，并在一次猛烈的谢幕爆发之后结束。我们因此可以知道冥古宙地球的面貌：狂暴得如同地狱，极端不适合生命的存在。

太古宙：古老生命的回响

太古宙始于 39 亿年前，其时陨石大轰炸刚刚结束，地球进入了相对平静时期。事实上，地球上最古老的地壳岩石的出现时间只比这段时期略早，并成为地球表面固化的确凿证据。关于地球生命的一些最早证据就深藏在太古宙的岩石中，那是一些脆弱的、来自约 35 亿年前的微化石，其中隐约显示出独立的细胞结构。个体的微化石总是出现在层层堆叠的大化石中，这些远古微生物群落的矿化遗留被精巧地命名为"隐生叠层"[①]（意为隐藏生命的叠层），在外形上与现代的叠层石惊人地相似。（叠层石即浅咸水潟湖中那种凳子大小的石质突起，上面栖息着各种原始得出奇的细菌和古生菌聚落。）

这类微化石是太古宙生命的唯一可见证据，向我们揭示了一个被结构极简单的单细胞生物群落占据的远古世界。它们的细胞结构原始，或者说是原核结构的，在进化中早于细胞核出现。正因为如此，它们的 DNA，也就是决定它们形态的基因编码，

———————————

① 隐生叠层（Cryptozoon），指藻类在生长过程中黏附海水中的沉积物颗粒形成的层纹状结构化石。

在细胞的主体结构中处于自由漂浮状态。

　　地球生命有一种优美而普遍的特征。这种特征使得我们可以对早期地球生命进行一种精细的检测。所有现代地球生物的存在都有赖于一个过程：碳元素渗透细胞膜并在细胞充满液体的内部发生化学反应。而自然界中存在着两种形态稳定的碳原子：一种是碳 12（^{12}C，其原子核中有 6 个质子和 6 个中子），在天然碳元素中约占 99%；其余的则是碳 13（^{13}C，其原子核中有 6 个质子和 7 个中子）。[vi] 碳 13 这种稍重的同位素对细胞膜的渗透性不如碳 12，所以生命体结构对它的吸收比例较低。这样一来，生物体就成为一种高效的碳同位素过滤器。古代生物死亡后，会成为海相沉积岩。因此，如果我们将海相沉积岩中和其他海相岩石（准确地说，是海相碳酸盐岩，这种岩石的形成是一个非生物的、非渗透的化学过程）中的碳同位素比例进行比较，就能判断出哪一个标本是由生物过程导致的。[vii]

　　碳同位素记录并不连贯——你必须先找到碰巧出现在地球表面的古代海相沉积岩。最古老的这类沉积岩发现于格陵兰的伊苏阿（Isua），距今已有 38 亿年。这种地质化学证据更加抽象，不如发现肉眼可辨的古代化石那样令人振奋，却异常重要。它让我们知道地球生命的碳元素代谢史已有近 40 亿年，还让我们知道（尽管我们对这种古代海相沉积岩的发现能力还十分有限）这类生命至少从太古宙的开端起就一直存在于地球上，不曾断绝。

第一万亿天：地球变绿①

经过对前两个宙的讨论，我想你已经了解到：在地质学尺度上，事件的发生都非常缓慢。元古宙（即低等生物的时代）也同样如此。元古宙与太古宙的分界约在 25 亿年前，这一时代生命的化石证据与太古宙的非常相似，细胞级别的微化石处于叠层石状群落的包裹之中。然而元古宙化石的数量和范围都大为增加，部分原因在于生物体自身的变化，也在于一个有利的事实：相对太古宙而言，暴露在地球表面、耐心等待地质学家的锤子敲击的元古宙岩石数量要多得多。（此外，与更早的岩石相比较，元古宙岩石在后来的地质活动中遭到的熔化和破坏更少。）通过对个体细胞化石的考察，我们发现细胞核已经作为一个独立的结构出现了。这类生物在今天被我们称为真核生物，其中包括了所有"有志于"突破细菌地位的生物。

然而，元古宙发生了另一件重要得多的事：氧气开始在地球大气层中出现。氧气的出现是光合作用的结果。生命体通过光合作用，将以气态存在于大气中或溶于海水中的二氧化碳转化为单糖，作为细胞生命的能量来源。光合作用可以被大致描述为一种比较简单的化学反应：二氧化碳、水和来自两个太阳光子的能

---

① 语出挪威探险家、人类学学者托尔·海尔达尔（Thor Heyerdahl，1914—2002）的作品《第七天，地球变绿》（*Green Was the Earth on the Seventh Day: Memories and Journeys of a Lifetime*）。

量在一个叶绿素分子里结合起来，生成一种糖（即葡萄糖）和分子态的氧气。[viii]尽管光合作用看似简单，其中的细节（包括推动光合作用发生的叶绿素分子在内）却绝非"简单"二字所能描述。因此，假如我们将早期生命的崛起看作一种生物化学反应变得越来越复杂的连续过程，光合作用的出现就代表着许多进化阶段的累积成果。

那么，光合作用是什么时候进化出来的呢？进化的发展是一种增量变化。首先演化出来的很可能是无氧光合作用，不产生游离氧这个副产品。多种现代细菌都可以进行无氧光合作用，这些细菌利用二价铁、硫化物或氢分子与二氧化碳反应，不会产生游离氧这种副产品。这样的新陈代谢路径是不是有氧光合作用在进化道路上的前奏呢？我们无法确定，但很可能正是这样的一系列进步促成了有氧光合作用的演化。

地球大气有氧化的证据出现在约 24 亿年前，并且在本质上仍旧是一种地质化学证据——它基于元古宙岩石中的硫同位素比例。在大气氧气含量上升之前的几亿年中形成的岩石显示，整个地球范围内都在所谓"大氧化事件[①]"中发生了锈蚀现象。这一点相当令人不解。地质历史上的这一时期以"条状铁层"（一种条带状的锈红色铁矿石）为主要特征。与今天一样，当时的富铁矿石很可能在风化作用下被带入海洋。进入海水后，这些矿石会

---

① 大氧化事件（Great oxidation event），指约 26 亿年前大气中游离氧含量突然增加的事件。

与光合细菌制造的水溶氧发生反应，并从海水中沉淀析出，形成明显的氧化铁矿石叠层。

条状铁层的形成还有另一种路径：铁在某种紫细菌的无氧光合作用中以更直接的方式发生氧化。尽管我们没有根据判断这两种路径孰为主要，但我们有理由做出如下猜测：至少在一定程度上，地球海洋中的水溶铁对早期有氧光合作用释放出的微量氧气起到了收集和固定作用。在这些水溶铁收集了足够多的氧，餍足了其被氧化的"胃口"之后，才会有多余的氧气逃离海洋，并在大气中逐渐累积。

另一些关于生命早期先驱的新陈代谢的线索来自今天地球上的产烷生物，即能将二氧化碳转化成甲烷作为细胞能量来源的原始古生菌。我们无法像检测古代大气中的氧气水平那样来直接检测古代大气中的甲烷水平，但产烷生物的活动却可以为一种可能图景提供佐证。由于火山活动释放二氧化碳，早期地球大气中的二氧化碳含量可能非常丰富。另一个关键点是，这种早期大气中可能几乎没有分子态的氧气。现代的产烷生物仅限于单细胞的原核古生菌，它们在形态上与化石证据中发现的早期地球生命相似，并存在于低氧环境中，而这些低氧环境很可能与光合作用演化出来之前的地球大气有类似特征。

我们必须认识到："可能"和"已被证明"是两回事。来自太古宙的古代化石并未向我们提供这些生物体的新陈代谢的化学细节，不过有一点我们可以确定：现代的产烷生物不喜欢氧气。

作为一种化学元素，氧的性质过于活泼，它会像一个来迟的醉汉一样，跌跌撞撞闯入产烷古生物的上流晚会，并迅速让主人"窒息"而死。如果早期太古宙地球生命由产烷微生物组成的话，那么光合作用的进化加上随后全球范围内氧气含量的上升，也许意味着地球上第一次也可能是最大一次的物种灭绝。[ix]

然而，作为天体生物学家的我们应该怎样看待这个故事呢？氧气在地球大气中的出现非常重要，因为它证明生命已经真正成为一种能够改变这颗行星的现象，而且这种现象能够被远离我们这个行星系统的敏锐的外星观测者发现。从这个意义上说，地球在约 24 亿年前成了一个具有天体生物学价值的行星。必须承认的是，也许产烷古生菌在此前就令太古宙地球大气中的甲烷含量达到了很高程度，足以将引起远方外星天文学家注意的时间再提前 10 亿年。然而我们没有检测古代大气中甲烷含量的地质学手段，关于这一点只能猜测。

在接近元古宙的尾声之际，有一点值得我们注意：光合作用的发展部分得益于叶绿素在演化中的出现，这种色素的蓝绿色泽独具一格。因此，地球大气中氧气含量的上升应该与海洋变绿的过程同步发生，此时地球表面仍然没有什么生命存在。然而，大气中分子态氧的出现还带来了另一种有益的附加产物——臭氧（O_3）。在此之前，海洋可能还是生命的唯一栖息地，因为水体能吸收太阳辐射中的紫外线，而紫外线既能为生命带来能量，也能对生命造成破坏。臭氧在地球大气中的累积过程贯穿元古宙时期，因此阻挡了有害的太阳辐射，将整颗行星保护起来——正如今天臭氧层的作用。更巧妙的是，就低等新陈代谢过程对葡萄糖的吸收而言，氧气就像一台生物化学的涡轮增压器——至少对那些感觉灵敏、愿意为利用这一点进化自身的生物是这样的。正因为如此，在氧气含量上升的巨大促进下，地球上最大的一场繁荣——地质意义上和进化意义上的双重繁荣，在元古宙末期得以开启。

进化的盛宴

显生宙的开端是一次更为明显的地质变化。在5.4亿年前短短一段地质时间内形成的岩层中，化石记录在寒武纪大爆发阶段出现了爆炸式的增长，呈现出数量繁多的新演化形态。显然，向复杂生命的演进有赖于特定的局部环境（进化需要适应环境），也有赖于难得的机遇。6 500万年前那次巨大的陨石撞击就是这样的例子：它被认为是恐龙灭绝的原因（可能也因此才为高等哺乳动物在进化的游乐场上腾出了空间）。这样一来，如果我们试图在寒武纪大爆发之后地球生命所遭遇的具体事件中寻找复杂生命发展的普遍规律，可能不会对找到地外生命起到太大的帮助。我并非要贬低显生宙的地位，而人们也可以反驳说：进化适应和运气这对组合在整个生命历史中都对生命产生着影响。然而下面这种观点同样也是合理的：原始生命适应的是地球早期整个行星范围内的基本环境，而后来的复杂生命适应的则是现代地球上的各种特殊的局部环境。

这就是我们关于生命的故事，故事的终点就是坐在那里阅读这本书的你。现在你应该会对达尔文天马行空的洞察力有了更多的赞叹，他跨越了时间的长河，想象了生命起源于地球历史早期的一个温暖小池塘的景象。对起源事件的记忆仍深藏在生物化学表象背后，如果我们打算理解生命起源本身，最终必须回到那一时刻，必须回到那个地方。

数量就是分量

在对地球生命历史的概览之后，我打算暂停，讨论一个简单的问题：假如你是一名外星天体生物学家，为了寻找生命，在地球历史上的某个随机时刻来到这里造访，那么你会发现哪些生命体呢？

你最有可能发现的，是简单的微生物。想象一下吧，从地球生命起源开始，细菌和古生菌就一直存在，事实上，它们在近30亿年的时间里都是地球上仅有的生命形态。我这样说并非是为了贬低更高等的生命形态的意义，但时至今日，微生物仍然在各种地球生命形态中占据统治地位，就算我们把统计限制在全球海洋里的单细胞生物这个范围内，以细菌和古生菌形态存在的生物量仍然是人类的 3 000 倍左右。往四周看一看吧。你看到的每一个人，都对应着 3 000 个微生物版本的人，是它们在默默地让地球的生态系统不停运转。也许你会觉得我对这一点强调得太过分，让人感到不舒服，但是别忘了，在《世界之战》里的人类被摧毁之后，正是细菌击败了火星侵略者。

细菌和古生菌是地球上最坚强、最能适应环境的生物之一。它们存在于南极冰盖边缘的干燥岩石里，在海底火山口里的高温海水中安居，甚至蔓延到了地球深处，在从地壳深层采集的岩石样本中大量存在。这些微生物在生命允许的极限边缘生存，被笼统地描述为"嗜极微生物"，即在更高等的生命形态无法忍受的环境中生存的生命体。它们按各自所"享受"的恶劣环境被归类：存在于火山热泉和海底火山口中的被称为嗜热微生物；存在于高腐蚀性的碱湖中的被称为嗜盐微生物和嗜碱微生物；在零下温度中生存的则被称为低温微生物。我最偏爱的一种则是抗辐射奇异球菌（Deinococcus radiodurans），俗称柯南菌[①]。它是一种"多重嗜极微生物"，能同时耐受低温、酸性、真空和干燥环境。[x] 我会在后面的章节中对这些嗜极微生物进行更多讨论——这主要是因为我希望将关于它们的知识置于整个太阳系中的严酷（但仍有可能存在生命的）环境中进行考察。不过现在我想你已经明白我要说的了：无论你能完成什么样的生物化学过程，都会有某种微生物比你做得更好。

[①] 柯南菌（Conan the Bacterium），其名得自罗伯特·欧文·霍华德（Robert Ervin Howard，1906—1936）的奇幻小说《蛮王柯南》（*Conan the Cimmerian*）。

生命的火花？

我们对地球生命历史的追溯已经从 38 亿年前的渺茫太古宙延续到了今天。现在我们必须面对关于地球生命最关键的一个科学问题：它是怎样开始的？早期地球的化学环境是如何变成生物环境的？如果我们能得到一个满意的答案，就能将这个问题延伸到天体生物学领域：在遥远的其他行星或卫星上，如果有类似的环境，生命是否能再度出现？

关于生命起源时的那个太初地球，我们都知道些什么呢？关于太古宙的化学环境，我们的推测能达到什么程度？当时的大气层中应该富含火山气体以及冰冻彗星蒸发后留下的气体。根据今天对火山和彗星的观测数据，我们可以猜测当时的大气层可能以二氧化碳、水蒸气、氮气和硫化氢（而非其他分子）为主体。

我们从 1924 年的苏联生物学家亚历山大·奥帕林[1]开始，继续讲述现代科学的故事，此时距达尔文提到那个温暖的小池塘才过去五十多年。奥帕林发现，光合作用是早期地球上氧气的唯一来源，他推测最初的生命形态不可能演化出光合作用这样复杂的过程，因此生命的起源环境中必然缺少化学性质活泼、容易发

---

① 亚历山大·奥帕林（Alexander Oparin，1894—1980），苏联生物化学家，以其关于无生源论（阐释从无机物中产生地球生命起源的理论）和团聚体的研究知名。

生反应的分子态氧。几年之后，英国生物学家约翰·霍尔丹[1]独立地得出了相似的结论：早期地球的大气层中的氧气含量应该非常低，因此可能是一批简单的有机化学反应制造出了大量更为复杂的分子，而这些分子成了生命体的前身。奥帕林和霍尔丹都猜想：支持这些反应的能量来源应该是自然界——可能来自地球狂暴的大气中的闪电，也可能来自直接照射年轻地球的太阳光中的紫外线。

对早期地球的认识在这一阶段停滞了 30 年，直到富有好奇心的年轻研究生斯坦利·米勒[2]将奥帕林和霍尔丹的猜想向前推进了一步，变成了现实。1953 年，米勒设计了一个简洁得令人惊叹，却又高度有效的早期地球化学模型。在这项研究中指导他的是他的导师哈罗德·尤里[3]（尤里因发现氢的同位素氘而在 1934 年获得诺贝尔化学奖）。由于二人的合作，他们的研究通常以"米勒–尤里实验"之名为人所知。

这个实验由一个玻璃管组成的封闭系统和一烧瓶代表地球海洋的水组成。在米勒最早的实验中，水及水中的物质在被适度加热后蒸发，进入由氨气（NH_3）、甲烷（CH_4）和氢气（H_2）组成的早期大气层。米勒使用电火花在这个初版实验中加入了闪

---

[1] 约翰·霍尔丹（John Haldane，1892—1964），印度裔英国生物学家。

[2] 斯坦利·米勒（Stanley Miller，1930—2007），美国化学家、生物学家，以其生命起源的无生源论研究知名。

[3] 哈罗德·尤里（Harold Urey，1893—1981），美国物理化学家。

电。在为期数年的实验中，他还在其他版本里使用了包括紫外线在内的其他能量来源。容纳"大气"的烧瓶由一根管子通往一个简易的冷凝器，使气体在其中再次凝结，回到"海洋"，重新开始循环。米勒的实验在多个层次上都具有启发性，没错，它简单得出奇，却足以令人欣喜，30年过去了，终于有了一个实验对奥帕林和霍尔丹的观点做出回应。

然而，最惊人的却是实验的结果。在任由他的这个封闭循环系统运行几天之后，米勒注意到"海洋"中原本清澈的水体逐渐开始变色，先是粉红色，然后是褐色。很快，代表海洋的烧瓶壁上就结出了一层黑色糊状物。显然，他的这个早期地球模型一刻也没有闲着！在对烧瓶中的物质进行分析后，米勒发现这就是一锅有机物的混合浓汤。实验最重要的结果是在那层柏油状物中找到了氨基酸，氨基酸是蛋白质的基础，也是我们的生物化学过程最基本的语言单位。

米勒–尤里实验被重复了很多次，也改动了很多次。科学家们就像对传统菜谱进行测试的厨师那样，往实验的"大气"中加入各自的化学"口味"：有的"大气"内容丰富而复杂，有的则贫瘠而单调。在这些实验产生的不同混合物中，人们发现的分子有复糖，也有存在于我们DNA中的核苷酸基。

谁找到了最能描述早期地球状况的正确配方呢？关于地球早期大气成分的问题，现代的观点倾向于二氧化碳与分子态氮的混合，而不是米勒–尤里实验最早采用的氨气–甲烷配方。用这个现代配方重复米勒-尤里实验得到的氨基酸数量比先前的版本少得多（这主要是因为二氧化碳[①]分子和氮气分子远比甲烷和氨气更难打破）。另一个争论的焦点是关于太初地球大气中是否存在分子态的氢。氢气的存在可以打开许多形成复杂有机分子的反应路径，然而，氢气是最轻的气体，很容易从行星大气层中挥发进入太空。因此这一领域的专家们对它当时是否存在曾争吵激烈，却都没有什么可靠的证据作为指引。

在多种意义上，比米勒-尤里实验具体使用哪种配方更重要的是：这个实验发现40亿年前的地球环境为较复杂的有机物分子的形成提供了一种自然途径，这些分子对今天的生命具有重要意义。需要注意的是，这些分子本身并没有形成生命。米勒-尤里实验及其各变种揭示了一系列通向生命起源的可能步骤，但这个实验并没有告诉我们40亿年前地球上的这些有机物形成之后到底又发生了什么样的化学反应。[xi]在这个意义上，我们可以说米勒-尤里实验不可思议地证明了奥帕林和霍尔丹的观点的可能性，但很遗憾，它没能走得更远。我们能证明的是我们关于早期地球的想法是合理的，却无法证明在生命起源的过程中它们真的发生过。

不过，重要的是，我们在米勒-尤里实验的世界中并没有遇到什么阻碍。在一个新世界上，只要有类似的环境和原料，我们

---

① 原文为CO，即一氧化碳。确有使用一氧化碳进行的米勒-尤里实验版本，但此处根据上文应为二氧化碳。

就能得到类似的实验结果，即一个富含复杂有机物分子的环境，生命在其中呼之欲出。

它来自太空！

宇宙已经在太空中将米勒-尤里实验进行了130亿年，将有机物分子的尘埃散落在渺茫的空间中，而这些分子正与斯坦利·米勒烧瓶中的那些类似。当你知道这一点时，是否会感到震惊？震惊是很自然的，因为自然的化学设备更加多样，适应性更强，远超我们的想象。

最大的惊喜来自天空，虽然证据极少，却无法辩驳，它们证明了宇宙比我们更加聪明。一个例子发生在澳大利亚的小镇默奇森（Murchison）。1969年，一颗大陨石坠落在小镇附近，被确认以供研究的碎片大约有100千克。默奇森陨石是一颗岩质陨石，一个松散的、部分熔化的岩石混合体。更准确地说，它是一颗"碳质球粒陨石"（carbonaceous chondrite）。它带来的惊喜是石中的微量复杂有机物分子，其中包括氨基酸和核苷酸基，这些分子的原子同位素比例显示它们来自太空而非地球。这些分子在默奇森陨石中的丰度不高，最多在百万分之一这个数量级。

受到这些发现的激发，NASA将在太阳系中寻找生命原材料的努力向前推进了一大步。2004年"星尘号"①飞掠了维尔特二号彗星（Wild 2）的彗尾，并在2006年将收集到的尘埃样本带回了地球。再一次，人们从那些在彗星旅行中被俘获的冰粒和尘粒里找到了有机物分子：又是一种简单的氨基酸——甘氨酸。我们仍然不清楚这样的分子是如何形成的，只能猜测可能是星光中的紫外线对这些尘埃微粒的照射使其表面发生了导致有机物形成的化学反应。[xii]然而它们的确出现了，并且不仅出现在我们的太阳系中，也出现在我们在银河系中观测到的尘埃云深处。

早期地球承受了陨石碎片的猛烈轰击，这就提出了一个问题：既然太阳系能够额外提供复杂有机物分子，我们是否还有必要假设年轻的地球上发生过类似米勒–尤里实验的事件呢？不过，很可能两种过程——外来陨石的输送和本地的米勒–尤里式过程——都为这些分子在地球上的出现做出了贡献。它们各自对地球有机物种类的贡献比例在很大程度上有赖于米勒–尤里式过程在地球上的效果：如果拥有合适的原材料，那么复杂有机物在地球上的某些特定地区的丰度很可能与我们今天在实验中看到的一样高。米勒–尤里式假设还有另外一个重要的附带后果：它让这类分子达到了足够高的集中度，使后继反应的发生成为可能。

---

① "星尘号"（Stardust），美国于1999年2月7日发射的太空探测器，其主要目的是对维尔特二号彗星进行探测。它完成了首次从彗星采样并返回的航天任务。

后继反应的发生是必需的，因为我们到这一步还没有跨过生命的门槛。我们已经踏进了不确定的领域，正步履蹒跚地接近非生命化学与生命化学之间那道阴影笼罩的边界。

未知领域

如果有一份好地图，开启新的旅程就会容易得多，这就要求有人要走在前面。先行者需要小心测量，并以忠实的地形细节传达测量数据。然而，在穿越米勒-尤里式的混沌世界探索地球生命起源的旅途中，我们手里有这样一份地图吗？

呃，没有。我们手里的地图往好了说也是残缺不全的。我们对生命起源之前的初始状态（也就是米勒-尤里实验所代表的那个世界）有一些了解；我们了解自己此刻所处的位置和环境，也了解现代地球生命的特征。但关于我们的旅程位于这两点之间的各个部分，我们只有一张草图，每一部分都代表着生命起源过程中的一个独立阶段。它们之间的链接仍有待新一代的绘图者完成，以形成我们关于早期生命起源和发展的明确理解。

在本章稍早的部分，我们曾停下来思考，并将生命定义为一系列相互关联的物理现象。我想将这些观念推进到大部分初等生命的领域，也就是那些位于非生命和生命之间的临界点上的生命体的领域。分子化学家史蒂文·本纳（Steven Benner）提出了一个简单却有效的生命定义：生命就是能够进行达尔文式进化、能够自我存续的化学系统。这一陈述将生命还原为秩序、新陈代谢和（不精确的）复制现象，那这种从最基本的性质看待生命的角度是否能帮助我们思考生命的起源呢？

秩序如何能从米勒–尤里式世界里各种看似随机的反应中产生？自然界其实比初看上去更具结构性。元素周期表就是一例，其结构正来自对每个原子中的质子和电子的有序排列。原子之间的关系（即它们共享的电子数量、它们之间结合力量的大小）则决定着更复杂的分子的结构。要将这一视角再向前推进几步，可以在洗盘子时思考一下为何清洁剂与水混合能产生泡泡——这是一个简单化合物与水混合导致某种类细胞薄膜自然形成的例子。清洁剂里有一种分子，其一端为亲水基团，另一端为疏水基团。亲水与疏水这两种不同的作用导致了泡泡的形成。在这个例子中，泡泡就是一种相当典型的细胞原型。

我的意思不是说斯坦利·米勒只要向他的实验中加入一些洗碗剂，就能大喊：嘿，看啊！第一个活细胞就这么出现了！然而自然出现的有机分子（在这个例子中是脂肪酸）可以在水中发生组合并产生脂质泡，而这些脂质泡又符合我们关于第一个细胞的自然产生过程的概念。值得注意的是，我们自己的细胞膜正具有一种双层的脂肪（脂质）结构。

在思考关于新陈代谢起源的问题时，我们不应忘记这一点：新陈代谢不过是一种在活体生物体内发生的、拆开某种化合物并释放能量的化学反应。从我们的角度来看，这些被打破的化合物可以被称为早餐、午餐和晚餐，或者更简单点说——葡萄糖。这类单糖是可以在米勒–尤里式世界中出现的，也可以在自然过程中被拆开并释放能量。如果这类反应在某一时刻被纳入一个细胞，我们就会得到一个能产生能量的细胞——尽管它会饥饿，很快就会需要更多能量。当然，这只是能解释第一次新陈代谢反应的众多可能性之一。

一旦这些反应脱离了最初恰好有利于其发生的本地环境，要怎样才能持续下去呢？它需要一份图谱和一种介质来驱动。在现代细胞中，这种图谱由组成我们DNA的基因序列来编码。然而，DNA的结构很复杂。DNA在生物化学上的近亲核糖核酸（RNA）要简单一些，但也具备信息载体和复制这两种功能，我们不清楚第一批生命体是基于RNA还是基于它的某种更简单、更原始的前身。

理查德·道金斯[1]和其他一些人设想过一种简单的有机分子"复制体"的出现。它可能是最简单意义上的生命，拥有一种单一然而独特的能力，可以将其他分子的碎片收集起来纳入自身结构，并用它们来复制自身。我们还可以进一步猜测：是否需要一个非生物性的平台或助推力，才能让拥有这种特殊性质的有机分子的出现进入生命的层次？有没有可能是湿黏土或黄铁矿的重复式晶体结构提供了一种矿物骨架，让有机结构能附着其上，并获

---

① 理查德·道金斯（Richard Dawkins），生于1941年，英国演化生物学家、动物行为学家和科普作家，著有《自私的基因》等作品，是著名的无神论者。

得复制能力？

我们可以将目光投向那些包含着生命起源的未知领域，遥望秩序、新陈代谢与复制的远峰。我们也可以回到实验室去，绘出它们的生物化学概貌。但是从根本上说，我们能进行的一切实验都不过是对可能性的展示，而非能提供确证的行为。也许我们最终能证明一系列特定的物理反应可以导致原始生物体的形成，而且这些生物体与我们对早期生命必然形态的概念类似。然而我们不应忘记，我们关于早期生命的概念都基于后来的、更复杂的生命，而生命起源的可能性却不止一种。因此我们不清楚科学如何能从一系列关于生命起源的可能性概念出发，最终确认我们的始祖到底走上了哪一条微生物学路径。

第二次创世记？

生命在地球上是否出现了不止一次？如果是的话，某一次的生命会不会是一个独立的谱系，拥有完全不同的生物化学特征？它们是否作为一个隐形的、阴影般的生物圈，在地球上存在至今？这个问题似乎更适合出现在一本关于地球生命而非地外生命搜索的书中，但如果我们将搜寻外星生命的目光投向遥远的异星世界，却忽视它们就在我们身边的可能，这无疑是一种令人尴尬的粗心大意。

因此，第一个问题就是：生命在地球上是否出现了不止一次？目前我们还没有这方面的证据。如果答案是"是"，我们就必须承认另一种生命形态的痕迹有可能存在于化石记录中，然而要将它识别出来可能相当艰难。当有人主张某种看似是古代生命化石的东西属于我们的进化谱系时，这种主张都会在科学上被严密审查，而其被承认还是被拒绝很大程度上取决于这种样本与现代生命在细胞层面上的比较。但是，如果我们确认样本的所有技术都基于样本与现存生命的共同点，我们如何能从化石记录中找到全新的古代生命分支呢？尽管这种微小的古生物学可能性也许就存在于地球浩如烟海的化石记录中，但我们很可能缺少将之辨别出来的能力。这样的现实令人沮丧。

那么，这种独立的生命谱系是否仍存在于地球上呢？再一次，我必须明确地给出肯定的答案：只要我们的行星上仍存在大片尚未被人类探索的区域（在此我想到是地球化学意义上的地壳全貌），我们就仍有可能发现某些隔绝于世（然而也许同样繁荣兴旺）的生命栖居地，由独立于我们这一谱系的新生命形态占据。

此外，还有另一个有意思却在本质上无法回答的问题：如果我们假设互不相干的原始生命谱系曾在早期地球的多个时间和多个地点出现（每一种也许都来自一次幸运的分子随机组合），是否只有我们这一系活了下来，并存留至今？[xiii]

天体生物学地图

　　这一章的开篇是两个彼此相关的问题：生命到底是什么？地球生命又是怎么回事？关于这两个问题我们已经讨论了很多，不过我们也许可以用一些回答和观点来为这一章作结。

　　生命是一系列彼此相关的现象，而我们在生物化学层次上将这些现象简化为秩序、新陈代谢和复制。作为天体生物学家，我们有理由将那些与细菌和古生菌类似的原始生命设为搜索目标，因为细菌和古生菌主宰了地球生命的历史，并占据着今天的地球活体生物总质量的绝大部分。我们对生命的搜寻将在很大程度上基于对生物化学反应和循环的识别，也基于对那些奇特的、有可能与生命现象混淆却明显是非生物的化学反应的排除。也许我们不得不效法那些化石搜寻者：他们为了寻找早期地球生命的证据，深入太古宙岩层，并致力于发现微观世界中的细胞结构，我想我们都同意这一点：在识别外星生命的工作中没有什么简明的指南。假如我们历经千辛万苦，利用遥控探测器或者经人类科学家之手，从某个异星环境中取得了一份物理样本，那么样本中每一块新的岩石、每一抔新的土壤，对那些在其中搜寻生命的人都会是一种独特的挑战。

　　地球生命产生于一系列复杂的自然化学反应中，而这些反应的发生又得益于我们这颗行星年轻时代的环境条件——液态水、有机化合物，还有能量。此外，生命出现于地球历史早期，可以说在地球表面刚刚具备条件时（即冥古宙末期）就产生了。尽管我们关于生命起源的知识仍不完整，但其中的断裂之处并没有大到让科学的飞跃也无法跨越（这一点与信仰的飞跃正好相反）。我们可以像达尔文一样，假设在另一颗行星或卫星（无论在太阳系之内还是之外）上有一个温暖的小池塘，生命就在其中以类似的原理发生。在我们自己的历史中，我们已经看到微生物是如何兴起为一种足以改变行星面貌的全行星现象（它们创造出了一个在化学上不平衡的、富含氧气的大气层，一个能被遥远的观测者发现的大气生物印记）。在接下来的章节中我们将发现，在太阳系外行星上搜寻生命印记的我们与那位遥远的观测者是多么相似。

最后，我们还提出了这样一个问题：这些事实在多大程度上与在外星环境中寻找外星生命的天体生物学家有关？我们已经了解到的，与其说是地球生命的特质，毋宁说是生命的原理。我们对生命的搜寻不应过于以地球为中心，但我们也必须在选择将目光投向何处时有所根据。因此，作为寻找新的生命栖息地的天体生物学家，我们是时候离开地球（也许在离开的同时还应该对地球满怀谢意，因为我已经往我们的行囊里塞满了东西），向太阳系进发了。

注释

i　有意思的是，1948 年，数学家、计算机先驱约翰·冯·诺依曼在其关于机器人的普遍及逻辑理论的讲演中使用了相似的生命定义（不过他指的是人造生命）。他的这一观念甚至早于现代分子遗传学知识的出现。

ii 起到保温毯作用的主要是大气中少量却相当重要的二氧化碳、甲烷和水蒸气。

iii 地球内部的放射性元素衰变对此也有一点点贡献。

iv 这是我对进化论的极简介绍。要对达尔文的理论有更深入的理解，我推荐以下两个步骤：第一，阅读理查德·道金斯的《盲眼钟表匠》（*The Blind Watchmaker*）；第二，重复第一步，直到读懂为止。

v 作为参考，别忘了最古老的陨石的年龄约为 45.4 亿年，这个数字也被视为地球可能年龄的上限。

vi 也许你还知道碳 14（原子中有 6 个质子和 8 个中子）。不过碳 14 具有放射性，并不稳定，会衰变为氮。其半衰期约为 5 000 年，这在地质尺度上根本就是一眨眼的时间。

vii 地质记录并不能告诉我们这种早期生命是如何将碳（大多数情况下以二氧化碳的形式存在）转化为燃料的。它们利用的是光合反应（无论有氧还是无氧）还是产烷反应（methanogenic），仅从地质记录无法判断。到下一个宙我们再来讨论这个问题好了。

viii 反应方程式如下：$6CO_2 + 6H_2O + 能量 \rightarrow C_6H_{12}O_6 + 6O_2$。

ix 出于科学的体面，我不能将"大氧化事件"称为"大醉酒事件"。

x 核反应堆中也有抗辐射奇异球菌的踪迹。它们简直就是"那些不能杀死我们的，让我们变得更强大"这句尼采名言在生物界的化身。

xi 举例说，你也可以将米勒和尤里的"温暖小池塘"换成一套能复制陨石坑或海底热泉条件的实验设备。实验的设计可以变化，但其背后的理念本质上始终是一样的。

xii 你可以设计出自己的米勒–尤里实验变体，但你还得造出太空中的真空，而且要有巨大的耐心。

xiii 关于这一问题，我在玩那个好玩得不得了（然而又无可救药的书呆子气）的棋盘游戏"原始汤"时，思考过许多次。

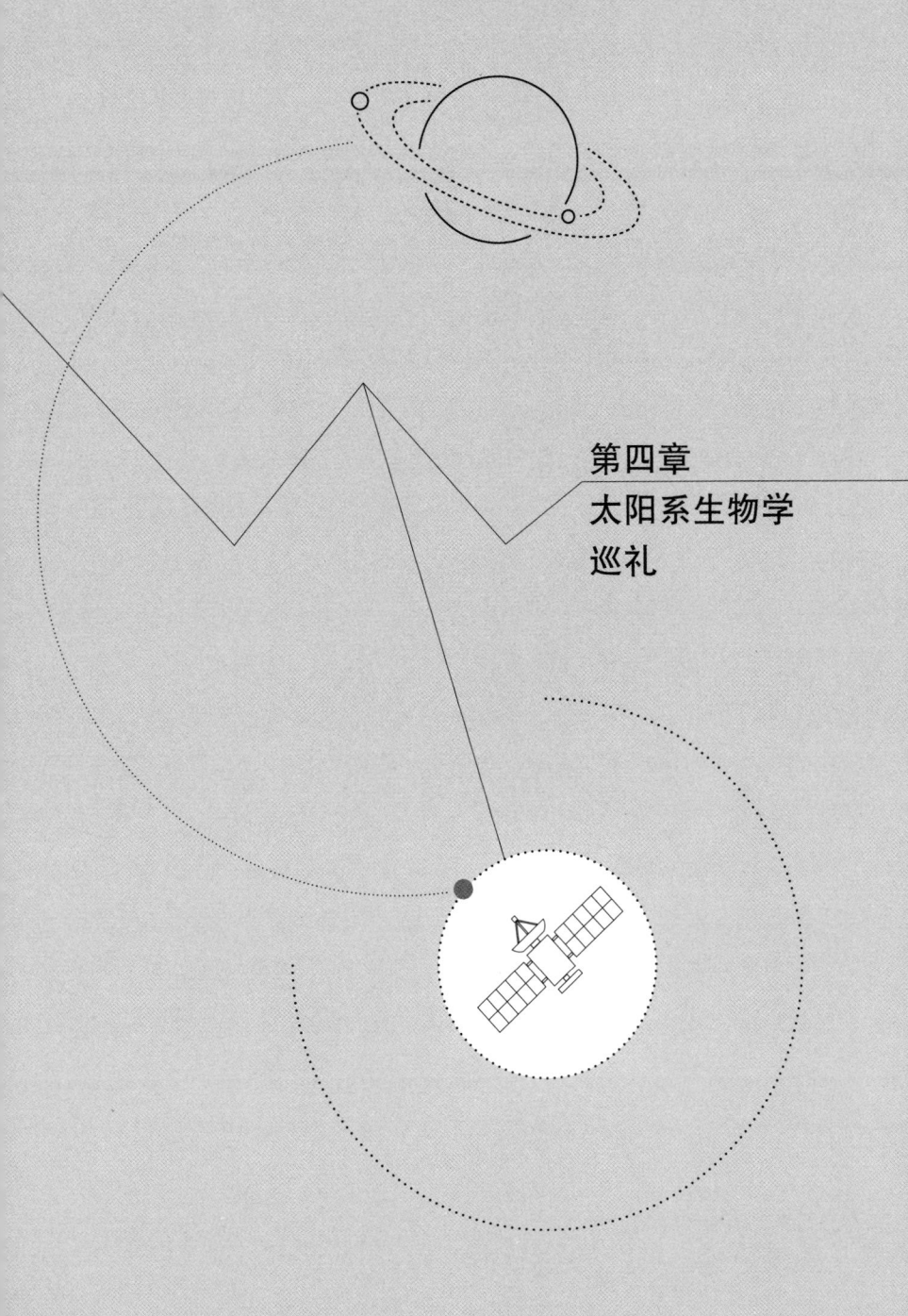

第四章
太阳系生物学
巡礼

关于太阳系，天体生物学在观念上为我们带来的最大变化就是：我们开始将它视为一个能让生命持续的栖息地。截至目前，太阳系的第三颗行星地球上的生命就是已知生命的全体。然而，我们已经知道，导致生命在地球上产生的条件并非像我们曾经以为的那样独特。早期地球提供了三个基本要素：能量、液态水和复杂的有机化合物。促进地球生命产生的第四个要素则是地球环境的稳定性：在地球历史上，前三个要素都在漫长的时间中多少保持了稳定的存在，使得生命不仅能够出现，还能够发展壮大。

　　在这次太阳系之旅中，我们将会发现，以上条件并非地球所独有。即便是太阳影响所及的最边缘地带也有能量存在（尽管有时候相当稀缺）。我们也在好几个重要的地方发现了液态水可能存在的线索（而且还是相当明显的线索）。我们还在木星的卫星泰坦上直接观测到了真实液体——液态的乙烷和甲烷。最后，我们在整个太阳系范围内都探测到了复杂有机化合物的踪迹：它们不仅出现在木星和土星的卫星上，也搭乘彗星和小行星的便车四处飘荡。

那么，我们应该据此认为生命在太阳系中大量存在，并带着几乎压抑不住的诡异笑容坐等我们到来吗？这个问题的答案恐怕真值 64 000 美元。①[i]我们依然不知道大自然是如何从一堆诱人的原材料中演化出生命的，即便在地球上也是如此。当前我们期待着太阳系中会有生命在等待我们，这种期待基于我们对太阳系中各行星和卫星的物理状况的详尽知识。此外，我们在地球上发现了嗜极微生物（它们在曾被认为最致命的恶劣环境中活得有滋有味），因而了解到生命远比我们原以为的更加坚强，也更能适应环境，而且这种了解还在不断增进之中。

我们将在后文中对太阳系中的行星和卫星进行细致的探讨，因此我打算在本章为后文的探讨设定一个背景：我们这个太阳系的物理构成（或者你更愿意用地质学这个词）到底是什么样的？有哪些行星和卫星在我们对生命的搜寻中具有特别的意义？哪些行星和卫星（如果有的话）会被我们视为不适宜生命存在从而排除在外？我们先花上一点时间，来了解一下近 60 年的太空探索如何令人类与太阳系中的行星和卫星亲近起来：我们从过去的太

---

① 典出美国哥伦比亚广播公司（CBS）在 20 世纪 50 年代推出的电视益智竞赛节目《价值 64 000 美元的问题》。

空任务中都学到了什么？航天器如何抵达目的地，又是如何被制造出来的？谁为它们买单？我希望以上这些问题能让我们做好跃入太阳系的准备，能让我们开始考虑前往那些最优先目标的未来探测任务，并对它们成功的可能性进行评估。

太阳：炽热气团

就许多方面而言，太阳就是我们这个太阳系本身。要理解这一点，最简单的办法是取出一张方格纸，在纸上画一个 10×100 的矩形。如果我们用这 1 000 个方格代表太阳系的总质量，那么其中近 999 个都属于太阳。木星和土星则占据了剩下的一个多一点方格的大部分。至于我们的地球，几乎连个小黑点都算不上。

有了这张图，我们可以很容易看出太阳在太阳系中占据何种统治地位。太阳核心发生着核聚变，以光子及其更神出鬼没的近亲——中微子的形式释放出能量。这些光子携带的能量高得惊人，因此我们这时应该将它们叫作伽马射线和 X 射线了。在向外扩散的过程中，它们被太阳外层大气中的原子吸收并再次释放，能级降低，直至逃出太阳光球层的笼罩，成为我们今天看到的日光。

今天，地球上几乎所有生命——从进行光合作用的生命体到位于食物链上更高位置并以前者为食的一切生物——需要的能量都来自太阳。然而，这个行星上最能引起天体生物学家兴趣的生物群体中有一部分却不在此列，它们就是那些生活在海底火山口中的嗜极微生物和地壳深处的铁氧化菌。这些家伙完全有资格自成一类，请不要忘记这一点！

边缘之旅

一旦离开太阳，就进入了行星的领域，这个行星系统曾是我们所知的唯一行星系统。回顾过往，我们会发现人类那时候对这种认识相当满意。这个系统秩序井然，与当时的理论预测毫无二致。我们将在后文中了解到：随着围绕远方恒星的新行星系统的发现，人类关于行星系统的许多想当然的认知都被颠覆。不过现在我打算先稍稍浏览一下我们这个太阳系的情况。

位于温暖的内环区域、距离太阳最近的，是类地行星（即与地球相似的行星），其中包括水星、金星、地球和火星。尽管块头和表面状况各不相同，但本质上它们都可以说是一大块岩石（大部分是硅铁矿物）。类地行星拥有的卫星很少，除了月球之外，就只有围绕火星运行的福波斯和得摩斯①。从火星往外，我们会看到小行星带。这是早期太阳系留下的破碎遗迹。它们一直

---

① 福波斯（Phobos，火卫一）和得摩斯（Deimos，火卫二），火星的两颗自然卫星，均由美国天文学家阿萨夫·霍尔（Asaph Hall，1829—1907）于 1877 年发现。

未能摆脱木星引力的影响，因此无法聚拢成为一颗独立的行星。

在前往木星的途中，我们会穿越一个无影无形却十分重要的边界——冻结线。在这个距离上，不断衰减的阳光已经大大减弱，以致简单的气体如水蒸气、氨气和甲烷等都会凝结成固态的冰粒。因此，在冻结线之外，岩石不再是在碰撞中成长的行星的唯一建筑材料——冰也加入了这场游戏。在这种情况下形成的就是太阳系外缘的统治者——气态巨行星（或类木行星）。第一颗气态巨行星是木星，其后依次是土星、天王星和海王星。[ii]

与太阳系内圈不同，外缘的行星拥有大量卫星：木星有大约 67 颗卫星，土星的卫星数量则超过 150。这些卫星中块头最大的与水星或月球相当，足以自成世界，值得我们对之展开探索。类地行星与类木行星在卫星数量上的差别是一个简单的质量大小问题。太阳系形成之初是一个不断旋转的气体尘埃盘。气态巨行星在其中变得越来越大，逐渐在自己周围聚集起由气体和岩石组成的迷你盘。附属于它们的大量卫星就诞生于这些迷你盘状结构之中。

越过海王星之后，太阳的亮度减弱为不足地球上亮度的千分之一，此时我们已经进入了冥王星的黑暗领域。冥王星在 1930 年由克莱德·汤博（Clyde Tombaugh）首次发现，到了 20 世纪 90 年代末和 21 世纪初，新一代现代大型望远镜对太阳系外缘进行了扫描，发现了更多类似冥王星的石块。它们有大有小，都属于太阳系外围的一个由碎片组成的圆盘，这个圆盘被称为柯伊伯带。在这个群体中，冥王星并非独一无二。因此，这些石块要么都是行星，要么都不是。2006 年，国际天文学联合会做出了后一种判断。从此，柯伊伯带的天体以及那些较大的小行星都被称为矮行星。除非我们对当前太阳系的看法发生变化，否则它们将一直待在矮行星这一分类。

要理解太阳系的大小，最简单的方式是想象一个光子从脱离太阳表面开始到抵达各个行星所需要的时间。光子从太阳到达地球需要近 8 分钟，因此我们看到的太阳只是其约 8 分钟前的影像。此刻太阳的模样永远隐藏在一张无法被有限光速穿透的时间之幕背后，我们无法得知。每个光子从离开地球到抵达火星还需要额外的 4 分钟时间。想一想吧，无线电信号无非就是一连串能级较低的光子，因此一个无线电信号或电视信号需要 8 分钟时间才能在地球与火星之间往返一次。这能帮助我们理解为何人们使用简单指令组成的短指令序列来操纵火星车，而不是使用一种有 8 分钟延迟的操纵杆——如果这么干，你的火星车会在你知道之前就被卡住或撞毁。光子从太阳前往木星需要 42 分钟，前往最后一颗气态巨行星海王星则需要 4 个小时。如果将冥王星看成太阳系的外围边界的话，那么一个光子需要 5 小时 20 分钟才能从太阳抵达柯伊伯带，完成其抵达黑暗深渊的旅程。

现在，你应该对自己在太阳系中的位置和太阳系的尺度有了更清晰的概念。剩下的最后一个任务就是去看一看电影《超时空接触》^①的片头，并根据这个概念对电影提出批评！

日光所及

我们已经知道，太阳是整个太阳系的能量来源，并支持着地球上几乎所有生命的存在。然而太阳那赋予生命的触手能伸到多远呢？在什么距离上，阳光就会暗淡到无法支持生命？

地球大气层顶层接收的太阳能功率约为每平方米 1 370 瓦。ⁱⁱⁱ每一天，太阳能都以这样的功率抵达地球，为几乎所有地球生命提供能量，主宰着地球的全部气候现象。太阳系每颗行星和卫星接收到的日光总量可以被看作其维持生命（至少是能将太阳能转化为可用能量的光合细菌那样的生命）的基础预算。

那么，有多少日光可以利用呢？水星轨道离太阳很近，这里的日光功率约为地球上的 6 倍。比地球更远的火星上的日光功率则大约只有地球上的 40%。在我们向太阳系外缘移动的过程中，太阳的影响会急剧下降：木星能接收到的日光功率只有地球的 3%，而到了寒冷的冥王星轨道，日光功率已不足地球上的 0.1%。

---

① 《超时空接触》(*Contact*)，1997 年上映的科幻电影，改编自美国科学家、科普作家卡尔·萨根（Carl Sagan）的同名小说。电影开篇，随着镜头视角远离地球，背景声中电台广播内容的年代也变得越来越早。这个片头旨在表现我们距离信号源越远，其信号到达我们时就显得越久远的现象。但片头中镜头退行的速度与广播内容更替的速度并不成比例：在镜头尚未离开太阳系时，广播内容已经前推了许多年（实际只应该前推几个小时）。故作者认为这个片头不符合科学。

更有趣的问题也许是：喜欢太阳的生命到底需要多少日光才能生存？要了解生命惊人的适应极限，来自地球的经验仍然至关重要。人类已经在黑海水面以下 100 米深处发现了光合细菌的存在，不过它们的新陈代谢基于厌氧（或者说无氧）光合作用，产生的则是硫化物而非分子态的氧。这些细菌也许是第一代光合生命体在现代的遗留，只有 0.05% 的日光能从水面到达这样的深度，这里的光线水平低到足以与冥王星上的日照相比。然而，在生物学意义上，如此低的光照水平仍是可以利用的：每个细菌都会勤勤恳恳地每几个小时捕获一个光子，并利用光子中的微小能量维持自己的新陈代谢运转。

这样一来，当我们将目光投向太阳系时，我们并不能指出一条确定的边界，并认为在这条边界之外，阳光就微弱到无法支持光合生命。无论多么微弱，阳光都能抵达太阳系中最遥远的区域，为生命提供能源——只要那里有生命存在。

生命之水

因此，整个太阳系中都有足够多的阳光，而且我们也已经确定了简单有机化合物在太阳系中的存在。那么水的情况如何？或者，让我们的头脑更开放一些：液体的情况如何？本章内容完全旨在将我们的精力（以及有限的资源）集中在太阳系里最有可能成为生命栖息地的区域，所以现在是时候更进一步，更不客气一点儿了。

水星没有大气层，承受着太阳风的全力冲击，而且白昼地表温度高达 700K，所以水星不会有生命。金星的浓密大气没有让我退却，然而表面温度比水星还高，达到 737K。尽管生命也许可以以不同于地球上的方式存在，但构成我们的生物化学基础的蛋白质在温度高于 400K 时就会分解，因此金星根本就是一个干燥酷热的烤箱。月球呢？同样不行。月球没有大气层，也没有液态水，只适合短短几天的观光驻足，但我们还有别的地方要去。类木行星怎么样？人们将你们叫作气态巨行星可不是没有理由的。1995 年，"伽利略号"航天器向木星大气层发射了一个探测器。探测器在木星的云层中下降了 156 千米，直到不断升高的气温烤焦了探测器上的运行系统。木星及更靠外的气态巨行星的大气模型中包含着奇异的液态层，但我们很难猜想什么样的生命形态能在这些液态层中生存，而且这些区域也极难抵达（"伽利略号"发射的探测器远未到达这里，就一命呜呼）。那么，冥王星和柯伊伯带怎么样呢？它们实在太远了。就算我们到了那里，恐怕也找不到什么液体。

深呼吸一下吧。如果上面描述的场景让你感到不安，我很抱歉，却不得不这样做。在上述这些被我粗暴对待的行星和卫星上，我排除生命存在的可能性了吗？完全没有。那么，在我为未来的太阳系生命探索项目开出的优先目的地列表上，它们位于前列吗？我想你已经有了答案。现在我们手里还剩下什么？考虑到我们将用大量的时间（和大量的篇幅）来考察在火星上、在木星的卫星欧罗巴、土星的卫星恩克拉多斯[1]和泰坦上找到生命的可能性，这张列表上已经没有多少令人惊喜的空间了。

我选择集中考察这几处潜在的生命栖息地，却无视太阳系中的其他区域，这在很大程度上基于我们在前面章节中对地球生命存在条件的了解。我们将会发现，火星、欧罗巴、恩克拉多斯和泰坦并不能让我们确信它们上面有生命存在，但有足够证据表明它们拥有液体、有机物、能量和稳定性的组合，这使它们在我们的太阳系探索心愿列表上排在了前列。现在，我们终于有一点进展了。

金发姑娘与三颗行星[2]

在《金发姑娘与三只熊》的故事中，小姑娘意外闯入三只心灵受伤的熊的家中，寻找"刚好适合"她的粥、椅子和床。有趣的是，金发姑娘原则在天体生物学中同样适用：我们用它来寻找"刚好适合"生命存在的行星环境。在我们的这个故事中，这样的环境被称为"宜居带"，即恒星周边能使行星表面温度"刚

---

[1]　恩克拉多斯（Enceladus），即土卫二，土星的第六大卫星，于1789年为英国天文学家威廉·赫谢尔（1738—1822）发现。

[2]　典出英国作家罗伯特·骚塞（Robert Southey，1774—1843）的童话作品《金发姑娘与三只熊》（*Goldilocks and Three Bears*）。"金发姑娘原则"一词由此而来，意指凡事必须有度，不能超越极限。

好适合"生命存在的轨道范围。此处这个温度范围就在水的冰点（273K）与沸点（373K）之间。在此，我不必再次警告说我们对生命的搜寻工作太过地球中心主义，你已经能意识到我们必须谨慎对待宜居带这个概念。

应该保持谨慎的主要原因在于行星大气层的状况无法确定。首先，我们必须有一个大气层。地球恰好位于太阳系宜居带的中部，然而如果没有大气层带来的地表压力，我们这颗行星上的水就会蒸发，散入太空。其次，尽管母星温度与行星轨道距离才是决定行星表面温度的主要因素，但任何种类的大气层都会为行星的实际表面温度增加一个不小的变数。

以太阳系中的三颗类地行星——金星、地球和火星为例。长久以来，它们一直是比较行星学的出发点——这门学科研究的是行星总体属性（如质量、自转速度、轨道半径）的微小变化如何导致每颗行星表面环境出现巨大差异。此外，这三颗行星距离太阳系宜居带的大致边界都不太远，因此可以用来表达一种警示：行星属性的差异会让任何简单的想法都站不住脚。

金星与地球非常相似，它的质量约为地球的4/5（即0.8倍地球质量），其运行轨道比地球轨道略近（到太阳的距离约为0.7倍地日距离）。如果没有大气层，金星表面的"理论温度"[iv]应为260K左右。然而金星拥有一个十分致密、富含二氧化碳的大气层，造成巨大的行星温室效应，使其表面温度高达737K。即使金星上曾经有过液态水，也早已被蒸发并进入了大气层（并让温室效应进一步加强）。即使是被束缚在表层岩石的矿物结构中的水分，也应该在炙烤之下变成了水蒸气。

火星的个头比地球小，其质量只有地球的 1/10，其轨道半径则是地球的 1.5 倍。火星有一个以二氧化碳为主的稀薄大气层，在火星表面形成的气压只有地球大气压的 1/100。火星的黑体温度[1]为 210K，而实际量得的火星表面温度只高出几度。这是极其微弱的温室效应造成的后果。由于寒冷的气温，火星上几乎全部的水分和二氧化碳都被束缚在其两极的冰盖和行星表面广为分布的地下冰层之中。

让我们来玩一个有趣的想象游戏：打乱这个行星组合，猜猜看行星位置的交换将会如何改变它们的性质。如果将火星和金星调换位置，将会发生什么？我想火星的情况会比较容易猜测：如果火星大气层保持目前状况不变，火星的表面温度将会在316K 左右。可以想见，在这个新位置上，更高的表面温度将会融化火星由二氧化碳和水构成的冰盖，创造出一个足量却难以持续的大气层（别忘了，火星没有磁场，也没有火山活动）。

金星的状况就会更难想象一些。由于大气层的作用，其表面温度比理论值高出了 400 度。如果把金星放在火星轨道上，其表面温度仍会高达 600K（前提是大气层没有在其自身重量的作用下坍

---

[1] 黑体温度（Blackbody temperature），即上一段中的"理论温度"，也就是在将一个物体视为可吸收外来全部电磁辐射并不会有任何反射与透射的"黑体"时，其达到温度平衡状态时的温度。

缩）。金星变得如此酷热，原因之一是它在早期经历了在我们看来失控的温室效应：金星在太早之前就已变得过热。由于任何曾经存在的海洋都已蒸发，其以二氧化碳为主的大气中还包含大量的水蒸气。这反过来又加强了大气温室效应，造成灾难性的反馈循环。

如果金星在火星的公转轨道上运行，这种失控的温室效应还会发生吗？尽管这个问题给通过大型计算机模拟来研究行星大气的人们带来的愉悦与失望同样多，但简单明了的回答是：我们不清楚。

因此，当你看到官方新闻稿或媒体文章中说到某颗新发现的行星正处于其母星周围的宜居带时，请不要轻易下结论。在缺少行星表面大气层的明确数据时，任何对其表面温度的计算都只是猜测性的。（如果你不考虑大气的状况，那又怎么能期待这颗行星上会有液态水呢？）与故事中的金发姑娘一样，在掌握更多信息之前，我们无从知道某碗粥（在我们这里即是某颗行星）是否"刚好适合"生命的存在。

泛种论：一种不敢说出名字的理论[①]

在本章开头，我曾提出我们应该把太阳系视为一个生命栖息

---

① 标题语出英国诗人阿尔弗雷德·道格拉斯（Alfred Douglas，1870—1945）的诗作《两种爱》中的句子"我是不敢说出名字的爱"（I am the Love that dare not speak its name）。作者使用这句话作为小节标题的用意详见本章尾注 v。

地。然而这个建议是否不够真诚呢？迄今为止我们讨论到的生命栖息地全都在地球上。每一片森林、每一个池塘、每一条河流和每一块平原都在地球这一总栖息地上相互关联，物种可以在各个栖息地之间迁徙，迁徙过程有时容易，有时艰难，然而总是存在这种可能。当我们将生命栖息地的概念延伸到整个太阳系后，每颗行星和卫星会不会变成空间中真正的孤岛？还是说行星际的迁徙仍有可能发生？换言之，某种原始生命在某颗行星或卫星上出现之后，是否有可能以自然的方式迁往另一颗星球？

认为生命有可能发生这种迁移的观点被称为"泛种论"。[v]在最简单的泛种论图景中，某个原始生命体本来在一个特定星球上安静生存，却因为陨石的冲击而被粗暴地抛入太空，变成一块飘浮的太空碎片。在其搭乘的石块成为陨石坠落在另一颗行星或卫星表面上之前，这位无畏的微生物宇航员也许已经在太空中飘浮了数百万年。我们已经知道，上述情景在太阳系中的确可能发生：地球上发现的陨石中的一小部分正是从火星或月球表面被溅射出来，最后落在地球上的。这幅设想图景只缺少最后一块拼图，那就是在这种陨石上发现生命的存在。[vi]

坦率地讲，这种想法听起来很疯狂，但这并不意味着它不会发生。整个过程中当然会有种种挑战。我们的细菌"宇航员"必须能在最初那次将它们抛入太空的冲击中活下来。然后它们需要在漫长的休眠中飘过广漠的行星际空间，其间不仅要面对真空，还要面对电离辐射。此处的"漫长"恐怕要以百万年为单位来计算。最后，它们必须挺过陨石在燃烧中坠向新行星表面的过程，以及最后的猛烈撞击。

科学教会了我们一件事：在验证之前，永远不要排除任何可能性。值得赞扬的是，一些科学家正是这样做的：他们尝试将原始生命的太阳系漂流之旅进行部分再现。许多种类的细菌、古生菌、真菌和地衣都曾作为"宇航员"登上单节火箭、航天飞机以及国际空间站。其中国际空间站的 EXPOSE 设施①尤为值得一提，它被作为一个实验台挂载在哥伦布实验舱前部，在 2008 年至 2009 年间在太空中飞行了 18 个月。各种生物或非生物样本在这里被暴露于太空环境中，以便我们了解它们的状况。

真空、宇宙射线和太空中的极端温度是否对原始生命构成致命的威胁呢？答案很明确：并非如此。多个样本、多个物种都显示：地球生命拥有了不起的"关机""休眠"和生存能力，它们的生长过程和新陈代谢过程可以完全停滞，许多细胞会死亡，许多细胞会受损，但总会有一些样本克服太空的艰难环境，生存下来。

以上事实对泛种论意味着什么？在这里我们再一次被时间的深邃挫败：让生存在岩石上的真菌跟随空间站飞行 18 个月是一个很有意思的实验，但当我们需要考察生命体在长达百万年的星际旅程中的存活能力时，这个实验几乎不能告诉我们任何有效

① 欧洲航天局挂载于国际空间站外部、用于天体生物学研究的组件。截至 2015 年，已有 EXPOSE-E、EXPOSE-R 和 EXPOSE-R2 三个项目得以实施。

信息，我们难以想象一个生命体可以在濒死状态下度过那样漫长的时间。假如我们发现某种生命体可以在太空中生长和新陈代谢（至少是深藏在太空岩石之中时可以如此），就足以让大批原本有理由持怀疑态度的科学家重新考量。同时，我还希望有人能说服某个航天机构将一块满载微生物的岩石从轨道上扔回地球，然后在上面找找看会不会有幸存者。

勇敢前行[①]

我们已经绘出了一张太阳系略图，也确定了寻找生命的优先目的地。是踏上征程去看一看的时候了。在太阳系中寻找生命的任务独一无二，也激动人心，因为这意味着我们可以在物理意义上前往令我们感兴趣的潜在生命栖息地，在现场进行科学实验，并将样本送回地球以便进行更多研究。我们为探索太阳系而发射的太空探测器多种多样，有大有小。最难的部分就在于离开地面：任何航天器的大部分重量（即火箭和大量易爆的燃料）都被用于将探测器推离地球表面，送入高空轨道。只要到了轨道上，探测器就拥有了太空中的自由：在太阳系中航行需要的燃料相对较少，在你足够聪明，懂得利用途经行星的引力帮助时尤其如此。尽管每个太空探测器执行的科学任务各不相同，本质

---

① 　出自科幻电视剧《星际旅行·初代》（ *Star Trek: The Original Series* ）。原句为"To boldly go where no man has gone before"（勇踏前人未至之境）。

上它们都不外以下四种之一：飞掠器、轨道器、着陆器、样本返回器。

飞掠器：与行星擦肩而过

飞掠任务的目标很简单：接近一颗行星（通常以很高的速度），打开照相机和各种仪器，在对行星的匆匆一瞥中记录下尽可能多的数据。"先驱者 10 号"木星任务就是一次典型的飞掠。"先驱者 10 号"在 1972 年发射升空，成为第一个穿越小行星带的航天器，它花了大约 20 个月才抵达木星系统。在前往目标的旅程中，它以 13 万千米/时的速度航行，这速度可不算慢。

任务的最关键一环在 1973 年 12 月 3 日 12 时 26 分展开。"先驱者 10 号"在这一刻飞过了卡里斯托①，进入了木星系统的内环地带。"先驱者"的所有相机和遥感设备此时忙得不可开交，一边飞掠，一边从每个可能的角度记录木星和那些较大卫星的图像。这次短暂的近距离相遇持续了 16 个小时，随后"先驱者 10 号"飞出了木星的阴影，进入太阳系外围的黑暗空间。

这一天的忙碌之后，"先驱者 10 号"的主要任务就算是完成了。我们能从这几个小时的飞掠过程中了解到些什么呢？最重要的发现无疑与木星的巨大磁场相关——它的磁场强度是地球的

---

① 卡里斯托（Callisto），即木卫四，木星的第二大卫星和太阳系中第三大的卫星。

10 倍。在更精细的层次上，我们通过"先驱者"那套照相机和遥感器看到了木星上层层叠叠的动态云层，震惊于大红斑的规模之巨大，还第一次瞥见了那几颗木星的大卫星：艾欧[①]、欧罗巴、盖尼米德[②]和卡里斯托。

随着伽利略于 1609 年的观测，月球在某种意义上成了一个世界。同样，木星及其卫星在 1973 年 12 月 3 日也各自成为世界。此后"先驱者 10 号"仍不断向地球发回信号，直至 2003 年 1 月 3 日。此时它的放射性同位素热电机（你也可以称之为核电池）由于不断衰减，已经无法驱动航天器上用于联络地球的无线电设备。"先驱者 10 号"让我们与木星有了第一次近距离的亲密接触，而"先驱者 11 号"的表现更好：它以旋风般的速度先后造访了太阳系中最大的两颗行星——木星和土星。然而，以上都不过是NASA伟大的"旅行者 1 号"和"旅行者 2 号"飞行任务的前奏而已。我将在后文中用专门的一节来讲述它们的故事。

轨道器：捕捉路过的行星

轨道器执行的许多操作都与飞掠任务相同，却有一个重要的差异：它会踩刹车。轨道器必须携带足够的推进剂以实施减

---

① 艾欧（Io），即木卫一，是四颗伽利略卫星中最靠近木星的一颗，也是太阳系的第四大卫星。

② 盖尼米德（Ganymede），即木卫三，太阳系中最大的卫星。

速，并将自己导入目标行星或卫星周围的稳定轨道。抵达轨道之后，它就只需要一点点额外的推进能力，以实现轨道的定期纠正或者变换。在对单一目标环境的研究中，进入其轨道有重大的意义。与那些环绕地球、不慌不忙地记录和研究地球表面的卫星一样，环绕远方行星的轨道飞行器也可以对目标行星的整个表面进行长期研究，甚至能对一些大区域进行重访，从而发现时间造成的改变。

"水手9号"在1971年抵达火星，成为第一个环绕另一颗行星运行的航天器。火星侦测轨道器（Mars Reconnaisance Orbiter，简称MRO）则是"水手9号"较晚些的近亲之一，向我们展示了在火星表面上空约300千米处所能看到的壮丽景色。MRO本质上可以说是一颗间谍卫星：它对火星执行的探测任务与许多民用和军用卫星对地球的探测相同；它携带的高分辨率成像科学设备（High Resolution Imaging Science Experiment，简称HiRISE）是整个探测器的核心。这是一部价值4 000万美元的数码相机，配备了光圈为50厘米的变焦镜头，它拍摄的每张照片的数据量达到3~5千兆字节（G），可以分辨出火星表面上直径小至1米的特征。

MRO的首要目标是探索火星表面，并为后来的探测任务提供帮助。它从2006年起就开始这项工作，至今仍然几乎没有迟滞的迹象。它拍摄的高分辨率照片对"好奇号"火星车任务的着陆地点选择起到了关键作用。此外，MRO自己也留下了一批辉煌的科学纪录：它拍摄到一次陨石撞击在火星上造成的后果——这次撞击让淡水冰层从火星地表之下暴露出来；它还捕捉到一次岩崩，拍到了尘埃柱和岩石从坡上滚落的画面；此外，MRO最不可思议也最重要的成就也许是——它见证了每个火星春季的疑似地下冰层融化现象。[vii]

另一个关于MRO的重要事实是：它的所有照片（其他许多环绕火星的太空任务也同样如此）都是公开的，只等你用敏锐的眼光去发现。基于其向公众分享科学这一令人称道的传统，NASA设立了"成为火星人！"网站，欢迎公众帮助研究来自火星广阔表面的巨量影像数据。去看一看，试试自己的运气吧，也许你能发现一些新的线索！

着陆器：这只是一小步

好了，现在着陆器已经在环绕某个遥远的行星或卫星运行。在如此漫长的旅途之后，前方的星球表面看上去近得诱人。请不要冲动，别忘了着陆器消耗了多少燃料才离开地球表面进入轨道。在降落到另一颗行星或卫星表面的过程中，着陆器需要差不多等量的能量，所以我们必须保持对降落的控制。此外，由于信号往返地球需要很长时间，我们需要设计一套无须人类干预的着陆过程。这意味着需要预先计划好一切，然后让一台编程完善的电脑来做出关键的决定。

着陆器通常是轨道器携带的一个额外组件，比如NASA的

"卡西尼号"土星探测器就搭载了欧洲航天局的"惠更斯号"着陆器①。"惠更斯号"最终于 2005 年在泰坦上安全着陆。这次着陆是开创性的②，也确实在泰坦上"挖出了一个坑"。只要着陆器能挺过下降至星球表面的过程，就能向我们提供真正意义上的"地面实况"——它不仅可以记录星球表面真实环境，还能记录这些环境是如何随着时间流逝而变化的。着陆器可以掘起表土进行分析，可以"品尝"空气，并向我们展示在一个新世界地面上拍摄的近距离照片。

在新世界地表进行的物理测量能为我们带来意想不到的发现。两个"海盗号"着陆器于 1976 年在火星着陆后，对火星大气进行了首次采样，并从中辨识出了一点微弱却熟悉的气息。地球上发现的一类稀有陨石会释放出与这种气息拥有相似同位素印记的气体。[viii]当人们在 20 世纪 80 年代中期将这些信息放在一起相互印证，答案就很明显了：这些陨石来自火星。被陨石溅射出火星表面后，它们最终也成了陨石，落在了地球上。（我们可以把这看成一种不花钱的样本返回太空任务。对此，后文中有更详细的介绍。）

---

① 合称"卡西尼–惠更斯号"，分别得名自土星发现者、意大利天文学家乔瓦尼·卡西尼（Giovanni Cassini，1625—1712）和泰坦（土卫六）发现者、荷兰科学家克里斯蒂安·惠更斯（1629—1695）。这是 NASA、欧洲航天局和意大利航天局共同进行的土星探测计划，于 1997 年 10 月 15 日发射升空，2004 年 7 月 1 日进入土星轨道。

② "开创性的"（groundbreaking）一词字面义为"挖开地面"。

漫游车：游荡的初级科学家

大体上，漫游车就是一个可移动的着陆器，与着陆器执行同样的科学任务。它被安装在一个可移动的平台上，能够抵达更多的区域。自 1997 年"旅居者号"①在火星着陆以来，我们中不少人已经对那些成功探索火星的漫游车颇为熟悉了。但是为了表达敬意，我想在这里提一下 20 世纪 70 年代早期两个真正具有开拓性的漫游车项目："卢诺霍德 1 号"和"卢诺霍德 2 号"ix是苏联发射的漫游车，分别在 1970 年和 1973 年对月球表面进行了探索。尽管被广受欢迎的美国载人探月计划的光辉掩盖，这两台漫游车仍然忠实地执行了它们的月表探测任务，检测了那里的土壤机理，测量了月球的磁场，并对月球上由太阳风造成的"太空气候"进行了记录。

这两台漫游车由太阳能电池阵列和放射性同位素热电机共同提供能量。我们在后来的漫游车上还能看到许多由它们开启的设计创意，如多轮底盘、朝前的仪器组，还有抬高的导航摄像机。由于信号在月球和地球之间往返时间只有不到 3 秒钟，"卢诺霍德"系列漫游车由地球方面直接控制，这一点与它们后来的近亲火星车不同。此外，这些苏联时代的漫游车的导航摄像机可以被抬高，直到 2014 年年中，NASA 的"机遇号"火星车才最

---

① "旅居者号"（Sojourner），NASA 在 1996 年 12 月 4 日发射的火星漫游车。

终超过了"卢诺霍德 2 号",成为太阳系内走得最远的漫游车。此时"机遇号"里程表上的数字刚刚超过 40 千米,而"卢诺霍德 2 号"走过的里程为 39 千米。

样本返回:留下的只有轮印,带走的只有岩石

最后是样本返回任务。除了执行以上各种任务之外,样本返回任务还或多或少需要采集一些星球表面物质(比如岩石、土壤,没准还有蟑螂),装入一个返回舱。返回舱从星球表面发射升空,与轨道器重新连接,并使用轨道器上满载的推进剂踏上回归的漫长旅程。

为何要多付出这么多额外的努力?诸如着陆器或漫游车这样的远程项目会携带一整套用于了解当地星球表面环境的实验设备,但与地球实验室里更大、更好、精度也更高的仪器相比,航天器内能完成的实验非常有限。此外,远程项目缺少的最重要一环大概是机动性:实验仪器组一经安装完成,就无法改变。你无法根据第一轮实验中了解到的东西进行新的实验,无法对样本进行进一步研究以了解更多信息。

计划运行多年的俄罗斯"福波斯−土壤"任务(Phobos-Grunt mission)是最为野心勃勃的一次样本返回任务。"福波斯−土壤"探测器于 2011 年 11 月发射升空。这是一次十分大胆的尝试:它计划取得一份火星物理样本,然而其选择的着陆点却不在火星,

而是火星的小巧卫星福波斯。这个选择的理由是脱离卫星要比脱离行星更容易（需要的推进剂也更少）。该任务计划带回 200 克福波斯土壤取样，这本来会是 20 世纪 70 年代的登月计划之后第一份被送回地球的大分量地外物质样本，不幸的是，"福波斯－土壤"的返回比原计划早了一点。刚刚进入近地轨道，探测器的系统就失灵了。在高空无助地飘浮了几个星期之后，由于大气阻力的作用，这个探测器变成一团火焰，在返回地球的途中灰飞烟灭。

表土上的足迹

你也许会问：为何到现在我还没有用专门的一节来赞美载人航天的好处？很抱歉我让你失望了，但关于样本返回项目的部分已经包含了载人航天项目的内容，因为这两种项目执行的任务是一样的——着陆，进行科学实验，插上一面旗子，装上几块石头，然后回家。两者之间唯一的物理区别在于：样本返回任务不需要优先考虑一群乘客的旅途舒适。请不要误解我，我认为对太阳系进行载人探索有其格外重大的意义：既可以为人类未来的发展开辟道路，也能激发全球未来的科学家和工程师们的想象力。然而当我们讨论在太阳系中寻找生命时，我可不想跑到太空里去跟对方握手。载人航天的风险和花费同样巨大，因此如果将精力投入无人探测器和大胆的样本返回项目，我们也许可以以小得多的代价对更大范围内的行星和卫星获得更多的了解。

基本事实

我在前文中曾经提到我们有必要将有限的资源投入到太阳系中最有希望的潜在生命栖息地上。那么，我们的资源到底有限到何种程度？此处的"资源"二字指的其实就是钱：你的钱、我的钱、纳税人的钱。

一次大型的行星际航天任务要花多少钱呢？1976 年的两次"海盗号"火星探测任务总计花费了约 10 亿美元（大概相当于今天的 40 亿美元）。这笔钱换来的是两个轨道器，每一个上面都配备了最尖端的、拥有一整套科学仪器的着陆器。目前仍在火星上运行的"火星科学实验室"（Mars Science Laboratory，又被称为"好奇号"火星车）的整个项目预算为 25 亿美元，我们得到的是一台迷你汽车大小、由一块核电池驱动的半自动漫游车。就将来而言，欧洲航天局目前正在研发将环绕木星最大的几颗卫星运行的木星冰卫星探测器（Jupiter Icy Moon Explorer，简称 JUICE），其项目预算是 9 亿欧元。

那么，假如我给你 40 亿美元，要求你去太阳系中寻找生命，你会怎样花这笔钱呢？你是会把全部筹码都用在一次超级任务上，对一个单一目标进行深入探索，还是会两边下注，对列表上前两名的目标各展开一次大型探索任务（每次任务要花大约 10 亿美元），并留下 20 亿美元来支持 5 次前往其他目标的较小规模项目，以保证不会错过任何东西？还有，你会不会假设自己对太阳系的了解还不够，并因此把钱全花在成本低廉的小规模任务上，在投入大型项目之前你会先了解关于太阳系中行星和卫星的基本事实吗？

如果你暂时还没有答案，也不用着急。那些本职工作就是制订此类计划的国家级航天机构也同样为此苦恼。在实施地外探索计划的过程中，这些机构向外界发出大量呼吁以征集更多的想法。许多科学家团队为它们制订了详尽的任务计划书，旨在解答明确的现实问题。然而大多数时候，这些想法彼此之间还要展开竞争，以赢家通吃的方式以决出胜者，然后才能展开漫长的建设、发射和飞行工作。

以探索土星及其卫星为目标的NASA"卡西尼号"探测器至今仍运行在轨道上，不断传回新的科学观测数据，也带给我们许多新的惊喜。在"卡西尼号"的众多成就中，最激动人心的有两项：一是在泰坦上发现了液态乙烷和甲烷的湖泊，二是在小巧的卫星恩克拉多斯上发现了水蒸气柱和冰晶喷发现象。

在长途跋涉 7 年之后，"卡西尼号"于 2004 年抵达土星。①它经过了一条迂回曲折的路线：先是飞往金星，沿着引力弹弓轨迹折返地球，又经过木星，然后才开始前往土星的漫长巡航。到达土星及其最大卫星泰坦之后，"卡西尼号"释放了欧洲航天局的"惠更斯号"着陆器，使之在泰坦上着陆。这是一个值得纪念

①　"卡西尼号"于 2004 年 7 月 1 日进入土星轨道。此处原文分别作"8 年""2005 年"，有误。

的成就，标志着人类首次登陆太阳系外围星体。值得一提的是，为了这次了不起的联合冒险，NASA 和欧洲航天局在 1982 年就举行了第一次会议。从那时起到最终抵达目的地，一共是 23 年时间。此后又过去了大约 10 年，我们的科学研究仍在从这项计划中获益。[x]

还记得我曾在第一章问过你认为我们将在多少年内发现外星生命吗？如果你的答案是 100 年之内，那么请允许我提醒你：是开始考虑你计划的时候，准备你的提议。

"旅行者 2 号"：最壮丽的航程

大部分太空任务的目的都在于揭示某一颗卫星或行星的秘密。部分筹划周密的任务会以两颗星球为目标，如"先驱者 2 号"先后造访了木星和土星。然而有一个任务超越群伦，穿过了整个太阳系，飞掠了每一颗巨行星——木星、土星、天王星和海王星，并造访了陪伴它们的卫星。

"旅行者"计划的构思始于 1964 年，由年轻的研究生加利·弗兰德罗（Gary Flandro）在一把计算尺的帮助下提出。最早的一些月球探测器已经运用了引力弹弓效应的概念：即让一个探测器绕经一颗行星以获得巨大的速度增量。在参加 NASA 喷气推进实验室的一个暑期学生实习项目时，弗兰德罗发现各大行星将在 20 世纪 70 年代末和 80 年代以百年难得一遇的方式排成一行。向太阳系外围的巨行星派出一系列探测器的机会出现了：探测器在与每颗行星相遇并发生引力作用时，都能获得抵达下一颗行星的速度。

这种可能性激发了NASA的想象力，导致了一系列探测器的诞生。它们在后来被合称为"行星之旅计划"（the Planetary Grand Tour program）。1973年，"先驱者10号"踏上了前往木星的单行星访问之旅，完成了对这种航天器设计的测试。"先驱者11号"采用了同样的设计，在1974年绕着木星坐了一次引力过山车，最终在1979年与土星相遇。继这些探测器之后，NASA在1977年启动了"旅行者"计划。"旅行者1号"拜访了木星和土星，却放弃了前往太阳系更外缘的机会，改为对土星的卫星泰坦进行首次近距离飞掠。泰坦的大气层富含有机物分子，气味刺鼻。在"旅行者1号"传回的照片上，这颗巨大卫星被云层笼罩，显得神秘莫测。这批照片至今仍是"旅行者1号"任务的永恒遗产。

"旅行者2号"精准地利用了引力，分别在1979年、1981年、1986年和1989年掠过木星、土星、天王星和海王星。此时人类航天器首次访问木星和土星还是不久前的事，那里仍有许多惊喜有待发现。在经过木星四大卫星中最靠里的艾欧时，"旅行者2号"捕捉到了艾欧上的火山气柱轮廓。这一发现令天文学家们和行星科学家们目瞪口呆，他们立刻意识到：艾欧是我们在地球之外找到的第一个地质活跃的世界。在环绕其母行星运转时，艾欧内部会产生大量摩擦①，这种摩擦成为艾欧的地热来源。

当"旅行者2号"飞到土星的卫星泰坦后方（从太阳方向看）时，它拍到了泰坦大气层的侧面，让我们对这颗卫星上的复杂有机化学反应有了更多认识：这些反应与我们从前所知的任何大气层都不相似，反倒与一个低温炼油厂有更多共同点。土星以外就是全新的领域。天王星和海王星看上去是两个由气体与云团组成的冰封世界，但飞掠时的遥感勘测显示它们都拥有温暖的岩石核心，也有复杂的磁场。"旅行者"还向我们展示了这两颗行星从前几乎不为我们所知的冰冻卫星群体，证明所有类木行星都拥有大量的此类卫星。

今天距"旅行者1号"和"旅行者2号"的发射已经过去了差不多40年，但它们仍在运行，与太阳之间的距离已经达到了100倍地日距离左右。从它们的3.7米天线发出的无线电信号要用约7个小时才能抵达地球上的深空网络②。它们正在对太阳风领域与更广大的恒星际空间（相对于行星际空间）之间的未知边界进行勘测，它们的科学使命仍在继续。"旅行者1号"似乎已经跨过了这条边界，进入了恒星际空间。"旅行者2号"则可能正在穿越这片我们所知甚少的边缘地带。它们在离开太阳系后仍将持续自己的航程，两个探测器上携带的放射性电池提供的

① 指艾欧内部因受到木星牵引而产生的潮汐摩擦。

② 深空网络（Deep Space Network），简称DSN，是美国国家航空航天局用于支援星际任务、无线电通信及观测探测宇宙的国际天线网络。

热量大概最多还能驱动舱内系统 10 年时间，它们的航线都不会途经任何一颗确定的恒星。两位"旅行者"终将结束与地球的联络，继续前行，温和地、安静地走进漫漫长夜。①

在远方思念家园

在前往本恒星系边缘的过程中，两个"旅行者"探测器从独一无二的遥远角度拍摄了我们的行星家族簇拥在黯淡的太阳周围的画面，为我们提供了一种无与伦比的太阳系视野。太阳系各行星的脆弱性与统一性都在这些照片中显示出来，在照片中，它们位于远方，挤成一簇，在一团小小的火焰周围取暖，周围则是最深最浓的黑夜。无论地球这个暗淡蓝点之外是否存在生命，尽管我们还期待在未来的太空任务中揭晓新的秘密，在 60 年的太空探索之后，我们都已能够理解太阳系中行星的多样性。我们已经知道太阳系中有几处地方——火星、欧罗巴、恩克拉多斯和泰坦——也许拥有某种独特的东西：可能产生生命的环境。现在，让我们转回头，对它们展开深入的探索。

---

① 语出英国诗人迪伦·托马斯（Dylan Thomas，1914—1953）的作品《不要温和地走进那良夜》（*Do Not Go Gentle into That Good Night*）。

注释

i   如果真的只要 64 000 美元的话，那我的研究经费就足够解答这个问题了。

ii 可以在头脑中想象一下这个画面：威严的宙斯（即木星）身穿一件印着"太阳"字样的紧身 T 恤。这样一来你肯定永远不会搞错太阳系外缘行星的顺序了。（"太阳"一词的英文是 sun，而 S、U、N 又分别是土星、天王星和海王星这三个词的首字母。——译者注）

iii 瓦（瓦特）是功率单位，表示单位时间内输出的能量大小。例如一只烧水壶煮茶时的功率约为 2 000 瓦。让我换一个书呆子们更喜欢的说法：煮茶消耗的总能量就等于烧水壶的功率乘以将水煮开花费的时间。如果以瓦为功率单位，秒为时间单位，那么得到的能量结果的单位就是焦耳。计量单位就是这样神奇！

iv 又称"黑体温度"。这个叫法沿袭了那些最早解决这个问题的 19 世纪物理学家们的习惯。

v   我在本节小标题中将泛种论（panspermia）描述为一种沉默寡言的理论，这主要是因为学生们在课堂上的反应——他们听到任何包含"泛"（pan-）字的词都会发笑。[此处为委婉语，意指学生们听到任何包含"精子"（sperm，在 panspermia 中作为词根，意为"种子"）的词都会发笑。——译者注]

vi 我好像听到有人在窃窃私语："ALH8$_{4001}$？"对，就是那块据称拥有原始生命微化石的火星陨石。就算你们这么说了，也得等一等。我要到讲述火星那一章时才会讲到这些令人头痛的小虫子。

vii 对不起，这件事我也得留到火星那一章才能细说。

viii 即所谓SNC类陨石，包括辉玻无粒陨石（Shergottites）、辉橄无粒陨石（Nakhlites）和纯橄无粒陨石（Chassignites）。

ix 卢诺霍德（Lunokhod），意为"月球步行者"。

x "卡西尼号"已在2017年结束任务。它会在对土星光环的最内环（D环）进行扫描后坠入土星浓密的大气层，一去不返。（原书作"将于2017年结束任务"，考虑到本书的出版时间，特做修改。——编者注）

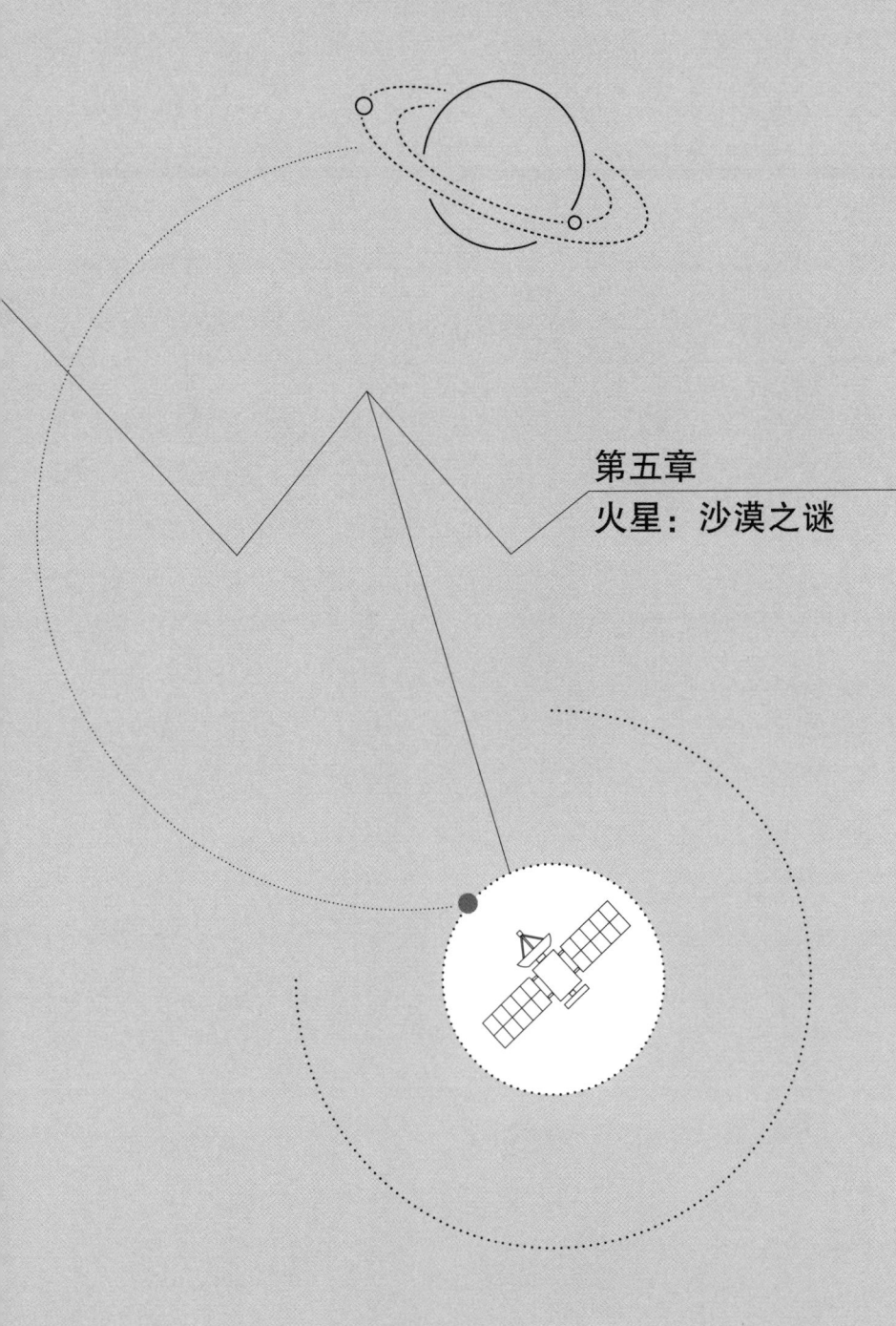

第五章

火星：沙漠之谜

随着"海盗 1 号"的抵达，火星在 1976 年 7 月 20 日成为一个真正的世界。这一天始于火星高空中出现的一道炽烈轨迹，那是在隔热盾保护下的着陆器正在穿过火星大气层的稀薄上层。当位于火星上空 60 千米高处、正以 900 千米的时速飞行时，着陆器打开了直径 16 米的单伞。降落伞打开时的冲击可能没有你想象的那么大，因为火星大气层的密度只有地球大气层的百分之一。45 秒之后，降落伞将着陆器的时速从 900 千米降低到 200 千米多一点。此时着陆器打开了着陆支撑脚和多个降落火箭，让"海盗号"能在可控状态下着陆火星表面。着陆最终完成时，地球时间正好是中午之前。[i]

　　着陆的尘埃未定，"海盗"就拍下了它在火星地表的第一张图像，并在 25 秒后将其传往地球。地球上的科学家们急切地看着图像在他们面前的视频屏幕上逐行显示出来。画面中是一个布满灰尘和砾石的平原，着陆器外壳是耀眼的白色，星条旗也同样鲜明，而火星的土壤和岩石呈现出的却是各种昏暗的红色调，两者形成了鲜明对比。卡尔·萨根[①]是参与"海盗"计划的科学家之一，也是当时围观这第一张视频图像的科学家中的一员。他在后来的作品《宇宙》中回忆起自己对火星地貌的第一印象。书中的那段描述值得在此全文引用："我还记得，当看到着陆器发回的第一张火星地平线图像时，我曾惊讶得目瞪口呆。我当时想：这不是一个外星世界。我知道科罗拉多、亚利桑那和内华达都有这样的地方。照片上有岩石，有流沙，远处还有一片高地。这一切与地球上任何一片风景一样自然，一样恰如其分。火星看上去如此熟悉。当然，如果看到一位风尘仆仆的探险者牵着骡子从某座沙丘后面出现，我肯定会大吃一惊，但这个念头在当时却显得那么自然而然。"[ii]

"海盗号"抵达火星之后的 40 年中，人类利用机械着陆器和漫游车对火星表面展开了紧锣密鼓的持续探索。然而最能把握其作为一个新世界的本质的，还是萨根描述的那个画面：一名满身尘土的探险者正在对"海盗号"所见地貌进行勘测。如果我们将时间快进到 2012 年，我们就能与萨根所说的勘探者对面相逢了。此时"好奇号"火星车刚刚抵达不久。它的机械臂前端装备了火星手持透镜成像仪（the Mars Hand Lens Imager，简称

----

① 卡尔·萨根（Carl Sagan，1934—1996），美国著名天文学家、天体物理学家、科幻作家和科普作家。

MAHLI），可以拍出令人震撼的自拍照。我们看到了一个风尘仆仆的"好奇号"——它在对火星的三个月勘探中已经覆满灰尘，看上去不怎么干净。它用它的导航相机和激光系统直视我们，让人觉得它拥有一张面孔、一个人格。这张照片如此惊人的部分原因在于它的分辨率：火星车留下的轨迹、被风拂动的尘土、远处隐约的山丘都在画面中呈现出来，并且细节分明。火星白昼的明媚阳光也让我们想起地球。

人类还没能亲自将足迹印上火星，但是从"海盗号"到"好奇号"，一系列探测器已经让我们可以间接地体验到置身火星的震撼。根据各种轨道器、着陆器和漫游车传回的科学数据，我们已经发现了一个拥有复杂过去和神秘现状的世界。这个故事令人神往，而尚待揭晓的结局让我们对它更添憧憬：在我们搜寻宇宙生命的努力中，火星位于最前沿，它同时呈现着目前天体生物学的激动人心之处与风险所在。所以，请牵好你的骡子，拿好你的铁锹，开始勘探！

水世界

众多无人火星探测器累积的成果已经在我们头脑中确立了一个观念：今天的火星只是那个曾经更温暖、更湿润的古代火星留下的干旱遗迹。那么，在对火星表面进行环绕和轻微接触的过程中，我们到底能窥见哪些证据，使得我们相信火星曾经有过命运兴衰?

这一切都始于1971年的"水手9号"。它是第一个成功环绕另一个世界并传回图像的航天器。"水手"传回的图像清晰分辨出了火星表面看似由河道和风化沟组成的网络。这些特征并非洛厄尔头脑中闪现的幻觉。每一代新的环火星轨道航天器,如"海盗"(1976)、"火星全球探勘者"[1](1996)和"火星侦测轨道器"(2006),都向我们揭示:火星表面存在着大量各种形态的三角洲、冲积扇和排水河道,而且每一处都与地球上的水文地质特征惊人地相似。

然而火星上却没有水,一滴也没有。此外,火星表面已经很古老了。其陨石坑的密度以及"好奇号"对其岩石进行的实地放射性年代测量都显示这颗行星的表面已经形成了超过30亿年。总体而言,从火星轨道上看到的水文地质特征的丰富性都让我们得出这样的印象:水在古代火星表面形成过程中起到了关键作用。然而这些印象是否能得到地面资料——即那些在火星表面自动漫游的"地质学家"所搜集的地质数据的支持?

NASA的漫游车编队——"旅居者号"(1997)、"勇气号"和"机遇号"(2004),还有"好奇号"(2012)在近20年中就扮演着这样的"地质学家"角色。它们被设计成一些移动的地质学研究平台,以对火星表面的物理面貌和岩石的化学细节进行调

---

[1]　火星全球探勘者(Mars Global Surveyor),NASA于1996年11月7日发射的一颗火星探测卫星,在2006年11月2日因失联而结束任务。

查。每一辆漫游车都携带着比前一代更先进的放大镜、碾磨器和钻探器（不是小锤子，真令人遗憾）套装，还配备了一个小型的移动实验室以进行现场化学分析。[iii]

漫游车向我们提供了一个面向火星表面及其化学特征的近距离视角，几乎近到显微镜级别。它们的唯一局限在于无法进行挖掘（尽管"好奇号"配有一个小钻机），因此只能寻找一切暴露在地表的有趣特征。与轨道器一样，漫游车也发现了水力在火星表面造成的特征：沉积岩上精细的波状纹理、分散的赤铁矿（铁矿石的一种）颗粒，还有黏土层。在地球上，后两者都是丰水沉积作用的结果。

尽管如此，铁证却暂付阙如。我们并没有找到火星上存在水的直接证据。所有来自轨道器的图像和表面地质分析都向我们呈现出一个有力却有待直接证明的可能性：曾经存在一个湿润的古代火星。液态水似乎就是我们得自火星表面的大量观测数据之间那道连接桥梁。然而我们始终需要保持警惕，不能轻信我们乐意听到的故事，也不能把我们乐意接受的科学解释当作事实。

2001：新的太空奥德赛

那么，如果早期火星表面曾经有水覆盖，这些水都上哪去了呢？在我看来，"2001火星奥德赛号"①的工作是我们对火星进行的最精妙的观测之一。"奥德赛"是一个环火星运行的轨道器，其命名是为了纪念阿瑟·C.克拉克的小说《2001：太空奥德赛》（*2001：A Space Odyssey*，一般译作《2001太空漫游》）——尽管它并未像小说中的飞船那样配备拥有智能的超级电脑，也不是为了寻找外星人的创造物。它的主要任务目标是侦测火星表面由高能中子造成的柔和闪耀，并据此绘制火星表面的地图。

要理解火星表面为何会释放出这种闪耀的中子，我们需要回溯一下。宇宙射线是来自银河系外的高能粒子，它们形成一种低水平却拥有极高能级的背景辐射场，弥漫在整个宇宙中。在地球上，大部分来袭的宇宙射线在抵达地表之前就在大气层高处的撞击中消失。然而，如果缺少大气层，行星和卫星最表层数米深度范围内就会遭到这些高能粒子的轰击。在与星球表面岩石和风化层^{iv}的撞击中，宇宙射线会制造出一种独特的高能快中子源。

地球上的核反应堆就能稳定制造这种快中子。实际上，对快速中子流的控制正是调节核反应堆能量输出的一种途径。控制反应堆中的快中子的办法其实就是让它们慢下来。要达到这个目的，需要使用一种叫慢化剂的东西。某些原子可以通过反复撞击的方式让中子减速，而慢化剂就是一块由此类原子构成的材料。

---

① 2001火星奥德赛号（2001 Mars Odyssey），NASA的火星探测卫星，于2001年4月7日发射升空。

它可以是沉入反应堆核心的石墨（起作用的是碳原子）控制棒，也可以是环绕反应堆核心流动的水（起作用的是氢原子）。"奥德赛号"侦测到了这种从火星表面逸出的、不断变化的慢速中子流。请注意：无论让这种中子流慢下来的是什么东西，它都必然存在于火星表面一两米深度范围内的表层中。

最有可能造成火星上的中子慢化的物质同样也是这两种：存在于二氧化碳中的碳原子和存在于水中的氢原子。火星表面有以干冰（固态二氧化碳）形态被锁定的二氧化碳，不过却仅限于严寒的两极冰盖区域。在火星表面的其余地区，水分子中的氢原子就成了"奥德赛号"观测结果的最佳解释（不只是最容易得出的解释）。由此得出的结论令人震惊：就在火星表土之下浅浅的10厘米到20厘米深处，竟然存在一个遍布全行星的固态水库。平均而论，固态水约占据了火星表面数米深度以内物质总质量的14%。这样多的水足以将整个火星表面用14厘米深的液态水覆盖起来。如果再算上极地的大量水储备，火星上可以形成一个深达30米、覆盖全球的海洋。[v]

这一切听起来确实美妙，不过眼见为实。根据太空中的观测推断地表下储有大量的冰是一回事，亲手（或者用机械臂上的小勺）取得液态水样本则是另一回事。两个"海盗号"着陆器都没有发现水。它们都配备了一个简单的小勺来采集火星土壤用于实验，但这些勺子都只能触及表层，掘入深度只有5厘米到10厘米。此外，两个"海盗号"的着陆点都位于火星纬度50度以下的地区，相对距赤道较近。人们后来发现，这些地区的地下冰层集中度比较低。

NASA的"凤凰号"着陆器在2008年挽救了这一局面。"凤凰号"是一个固定位置的着陆器，其发射正是对"奥德赛号"的惊人发现做出的回应。人们不希望再次错过发现火星地表之下隐藏冰层的机会，因此"凤凰号"被赋予了对火星表面的土壤化学成分进行测量的任务。NASA将这个着陆器送往火星赤道以北68度的区域，也就是火星北极的冻原上。在这里挖掘一条小采样沟时，"凤凰号"拍摄到了土壤中呈亮白色的冰。这些冰在数天之后就消失了，正如水冰一样发生了升华，进入了大气层。[vi] 随后，"凤凰号"的机载实验室在舱内对火星表土进行加热时，又侦测到了从土壤中汽化出来的水蒸气。

从此，火星上的冰变得容易发现了（至少在我们知道自己要找的是什么的时候如此）。偶尔发生的陨石撞击会挖出一些亮晶晶的新冰，这些冰又会在几天、几周或是几个月内升华而消失。火星侦测轨道器平均每年大约能拍到一次这种陨石撞击的图像。这种偶发事件再一次证明：对火星表面进行延时拍摄可以发现意想不到的新秘密。

火星？死星？

火星是否曾经存在过生命？或者至今仍然存在生命？在回

答这个诱人的谜题之前，我打算先让你了解一下我们面临着多少挑战。无论我们考察的是火星的土壤化学还是火星大气的特征和成分，都没有区别。基本上，一切火星表面之上或与火星表面有关的东西，只要是能被测量的，都告诉我们同一个结论：火星没有生命，根本没有生命。

年轻时代的火星曾经拥有大量的水。关于这一点，对火星进行的表面地质学研究为我们提供了强有力的证据。现在我们相信火星上的水能以 30 米的深度覆盖整个星球，但轨道器拍到的古代火星表面特征令一些研究者猜测火星曾经拥有深达 500 米的海洋。[vii] 有了关于古代火星上的液态水的证据之后，人们意识到这颗行星的表面必然曾经被一个比今天浓密得多的大气层所加热。这主要是因为水需要特定的温度和压力条件才能长期保持液态。那么，火星上到底发生了什么？这个大气层和那么多水都上哪去了？

我们已经发现：火星水分的流失与这颗行星在地质意义上的缓慢死亡是紧密相关的。火星比地球小，而最基本的物理学知识就能告诉我们：较小行星的内部热量流失比大行星更快。有大量证据表明火星上曾存在大规模火山活动，火星上有一片名叫塔尔西斯的广袤火山高原，从地球上用业余望远镜就能分辨出来。古老的火山奥林帕斯山（Olympus Mons）就是这个高原的一部分，也是太阳系中最大的火山。火山将封闭在行星内部的气体带到表面，对大气层进行补充。然而，火星上火山爆发、岩浆流动和地质活动的所有迹象都在大约 30 亿年前就停止了。这是为什么？答案是火星内部逐渐冷却，发生了固化。随着火山活动的结束，为大气层提供补给的地质水龙头也就被关上了。

更关键的是，火星内部的冷却削弱了整个行星的磁场，而磁场正是保护火山大气层不受太阳风冲击的盾牌。在太阳风中的高能粒子的轰击下，失去保护的大气层被蒸发，散失在茫茫太空。随着大气层的消失，它对行星的加热作用也消失了。行星表面温度急剧下降，而那些仍保留在大气层和行星表面的水则凝结成冰。那些被"奥德赛号"发现的冰盖和地下冰层正是由此而来。

"海盗"传来的信息

在其对太阳系的探测行动中，NASA 对"海盗号"系列任务寄予了最不切实际的希望。每个"海盗号"探测器都携带了一套生物学仪器，用以检验火星微生物的新陈代谢活动和火星土壤中的有机原材料。相信我，如果 1976 年这对双胞胎"海盗"着陆器真的在火星上发现了生命，我现在一定会告诉你的。

"海盗"们没有发现生命，这是我们讨论的前提。它们没有侦测到任何与灭活对照试样[①]不同的信号，最幸运的时候也不过

---

① 灭活对照试样（Sterilized control sample），指经过灭活，用于与实验结果进行对照的已知标准样本。

只收获了一丝不确定性——有一次实验给出了符合生命特征的结果。这是一次示踪释放（labeled release）实验。实验用含有各种有机化合物的液态水对土壤样本进行浸润，并在营养液里的碳元素中加入了放射性的碳14。实验的想法是土壤中的任何活体生物都会乐意对有机营养液进行新陈代谢，并释放出一种副产品——带有放射性标记的二氧化碳。实验的结果也正是如此。此外，一份高温灭活了的对照试样则没能产生任何二氧化碳。这正符合人们的预期：高温应当杀死了试样中的全部活体生物。一个星期后，人们向那份显示阳性结果的样本中加入了更多营养液，但样本却没能继续产生气体。难道是样本中的微生物们在一顿意料之外的大餐后吃得太饱（以致无法工作）？还是说原先的反应是由土壤中自然存在的一种氧化物质导致，而这种物质在第一次实验中耗尽，无法产生新的反应？对这个实验结果的最乐观态度也不过是不确定而已。由于其他所有实验都没能捕捉到生命的迹象，人们开始对这一次阳性结果做出各种可能的非生物学解释。最后一致同意的结论是：在两个着陆点位置的最表层几厘米土壤中，"海盗"们没能找到任何生命证据。

　　不过，从整个20世纪90年代直到今天，NASA的火星探索行动在许多方面都受到这次否定结论的修正。"海盗"项目是一次宏大而勇敢的计划，随后的计划则更加审慎，采用了循序渐进的方法。媒体也将头条标题从"寻找生命"改成了更低调的"寻找可能曾经有利生命存在的环境"。这种递进式的小规模探索方式更快、更好，成本也更低廉，明显更为明智，同样激动人心，并且在科学上也取得了大量开拓性的成果。NASA还没有放弃在火星上侦测生命的努力，但我们也已经认识到：你不能指望在一个随机地点着陆，就有生命体自己爬进你的小勺。我们需要变得更加聪明，去了解哪些地方的有限局部环境有可能不同于主宰着整个火星的贫瘠荒芜。此外，我们还必须保持乐观，因为让人丧气的事我还没有讲完呢。

甲烷、洛夫洛克和洛厄尔的现代故事

如果说火星表面是一片死寂的话，火星大气层则更是了无生机。说到"死"，我指的是：考虑到火星地表的化学构成（它为大气提供原材料，主要是二氧化碳和水冰）和阳光（它引发大气层中的化学反应），火星大气的各种成分正如我们所能想见，其中并无任何可能指向生命存在的化学异常。

一个行星的大气会显示出该行星上的生物造成的化学效应这种看法最有力的支持者，是"盖亚假说"的提出者詹姆斯·洛夫洛克[①]。这种假说将地球视为一个统一的生物圈，并认为地球大气的性质与生命紧密相关。全球范围内的光合生物将大气和海

① 詹姆斯·洛夫洛克（James Lovelock），生于 1919 年，英国独立科学家、环保主义者和未来学家。以提出盖亚假说（Gaia hypothesis）而知名。盖亚是希腊神话中的大地女神，是原始神祇和一切生命的始祖。

洋中的二氧化碳转化成了氧气，这正是对上述观点的最简单例证。在这个意义上，行星大气中的大量氧气就是一个生物印记，表示这是一个拥有生命的行星。一种化学物质要成为生物印记，必须在大气层中大量存在，而且这种存在还必须是仅用非生物学反应难以解释的。

如果地球上的所有生命都在今天灭绝，地球大气中的氧气会在与地表岩石的氧化反应中逐渐减少，但还会存在大约 200 万年。然而大气中的甲烷（几乎所有甲烷都是生物制造出来的）将在 12 年后才会消耗一空，因为大气层中的羟基（OH^-）化反应会急剧吞噬甲烷。因此从许多方面来说，地球大气中甲烷的存在（尽管其浓度只有百万分之几）才是更显著的生物印记——它泄漏了地球上当前仍存在生命的事实。

那么，如果我告诉你，我们已经在火星上检测到甲烷的存在，你会如何反应呢？尽管火星甲烷的浓度不高，只有一亿分之几，但在化学上已经具有重要意义。另一个事实听起来更加令人振奋：这一侦测结果来自三次相互独立的观测，一次是 2004 年来自"火星快车号"[①]轨道器上的摄谱仪，一次是 2009 年来自地球上的望远镜，还有一次是 2014 年来自"好奇号"。我们观测到的这种甲烷印记似乎处于快速变化之中，变化周期只有几个月——有时被我们瞥见，有时却杳无踪迹。

---

① 火星快车号（Mars Express Orbiter），欧洲航天局的火星探测卫星，发射于 2003 年 6 月 2 日，包括"火星快车号"轨道器与"小猎犬 2 号"着陆器。

甲烷在火星大气中的比例仅为一亿分之几，却并不出人意料。它可能由阳光与随着陨石来到火星表面的微量有机化合物之间的反应产生。如果我们的观测结果得到确认，那么甲烷超出预计水平的浓度就可能指向火星上的一种新现象：要么火星上意外地存在生命，要么也许火星上的古老火山并不像我们所认为的那样已经寿终正寝——根据我们对火星地质的理解，这种可能性的惊人程度只比前一种少一点（而且从另一个角度仍然暗示着火星上可能存在生命）。更令人困扰的问题也许不是谁制造了这些甲烷，而是这些甲烷都去了哪里。大气层如何能在短短几个月内清除一种气体？如果那些甲烷不是幻象，我就可以向你保证一件事：火星还隐藏着巨大的秘密。

另一方面，火星甲烷的故事也许是一个及时的警告：要当心你乐意听到的说法。与洛厄尔的火星运河观测相似的故事都类似地令人担忧。洛厄尔相信自己看到了火星上的人工运河，但实际上是望远镜的局限和地球大气层的扰乱效果让他上了当。同样，每一个宣称在火星上观测到甲烷的消息也都有令人担忧的漏洞。基于太空观测的那一次结果要求许多次独立观测结果的共同支撑，即便如此，它声称观测到的甲烷印记仍然几乎难以辨识。[viii] 地球上的观测数据则因地球大气层中存在大量甲烷而意义有限（地球大气层中的甲烷浓度比这些观测结果宣称的火星甲烷浓度要高上千倍，毫不夸张），因为我们的观测目光必须首先穿过前者。这些地球观测结果显示：只有当火星与地球之间的相对运动使光谱中的甲烷主谱线标记与地球大气层光谱中的那条粗甲烷谱线重合时，才能观测到火星上甲烷的存在。这一点无疑令我们有理由担心：在这种情况下，任何从火星取得的信号的精确性都会大大降低。当火星远离地球，而甲烷谱线在电磁波谱上移入一个清晰的区域时，就再也观测不到火星甲烷的谱线了。

即便是"好奇号"的观测结果仍然不能让人放心。在2013年12月到2014年1月之间，这台火星车测到了大气中甲烷水平的一个峰值。尽管一亿分之几的浓度听起来可能不算很高（事实上确实不高），但较之此前测得的参考水平，这次的测量数据已经高得足够惊人。测量显示：升高的甲烷浓度保持了大约两个月，随后就急剧下降。"好奇号"是否捕捉到了火星产烷微生物的一次季节性繁荣？抑或这只是一次意外的火山活动排出甲烷的结果？

在陷入各种猜测的混响之前，我们也许应该倾听几个冷静的音符。很不幸，"好奇号"上用于侦测火星大气中甲烷的可调激光分光仪遭到了轻微的污染：发射前，地球大气层中的甲烷意外渗了进去，而机载实验室中化学物质的缓慢分解又增加了一些甲烷。造成污染的甲烷有多少？也不过百万分之几而已。然而当你需要测量浓度只有一亿分之几的火星甲烷踪迹时，这些污染就是大问题了。"好奇号"的火星样本分析团队已经了解了这种情况，并为从测量中消除这些污染源付出了艰辛努力。对火星上浓度低至一亿分之几的参考甲烷水平，"好奇号"的测量似乎是准确的，但那个浓度高出 10 倍的短期甲烷峰值的来源仍然需要严密审查。

科学陪审团尚未得出结论。更准确地说，科学陪审团还忙着寻找确凿的证据。"好奇号"仍将继续嗅探火星的空气，并用更敏锐的测定技术来处理任何可能的甲烷探测结果。与此同时，两颗赶到现场的新卫星也会帮上大忙。NASA 的"火星大气与挥发演化"探测器（Mars Atmosphere and Volatile Evolution，缩写为 MAVEN）和印度航天局的"火星轨道器"（Mars Orbiter Mission，缩写为 MOM）于 2014 年末抵达了火星。这两个探测器都肩负着探测火星大气中神秘甲烷踪迹的任务。另一个航天器——微量气体轨道器（Trace Gas Orbiter）——则于 2016 年 3 月离开地球。它是欧洲航天局的"火星太空生物学"（ExoMars）多任务项目的一部分。这是一笔巨大的投资，但是为火星上是否存在甲烷的问题寻找一个明确答案值得这笔投资，也非常有希望成功。

我们是否应该相信当前对火星甲烷的测量数据？三次独立测量的宣称结果的确相当有说服力。然而，每个宣称结果都必须基于其自身受到评判。如前所述，这三个结果都各有令人疑虑的理由。关于火星上可能存在生物的问题，我们需要有一次独立的、决定性的和取得至关重大结果的观测。在取得这样的观测结果之前，我个人仍然保持怀疑态度。在我们天体生物学家看来，似乎还没有令人信服的证据表明火星上广泛存在着与大气有化学接触的生命，至少现在仍然如此。

好了，以上就是在我个人看来最糟糕的估计。关于火星生命的问题，我们已经抵达了悲观的顶峰。现在，我们要怎样面对上面列出的所有证据和基本的物理学规律，然后打败它们？在我描绘出的惨淡画面中，是否有一些暗藏火星生命存在可能性的疏漏？[ix] 我写作本书的动机之一在于探讨 5 种最有可能在宇宙中发现外星生命的情景，但也许你已经留意到，我并没有把火星"推销"成一个大有希望的生命栖息地。那么，我们能不能发现系统的漏洞，在一颗"死亡"的行星上找到生命存在的可能性？又需要怎样做才能找到这样的漏洞？让我们尝试下面两种路径。首先，我们需要回答一个也许简单一些的问题：地球生命能否在火星上生存？如果答案是"能"，这个答案可以让我们对火星原生生命的可能性有多少了解？其次，我们是不是应该更努力地在火星上寻找一些角落、缝隙和封闭的小环境？也许这种地方可以抵挡这颗"死亡行星"上的大环境，为生命提供一些隐匿的或暂时的避风港。

地球生命能在火星上生存吗？

今天的火星荒凉、寒冷，是一片不毛之地。这当然不利于生命的存在，但是否达到了致命的程度呢？让我们来看一看。火星的表面环境有许多种方式可以让生命灭绝。首先是低温：这里的夜间气温可以下降到令人胆寒的180K。其次是极低的气压：就气压而论，行走在火星表面相当于行走在地球上空50千米处（这令我们对珠穆朗玛峰8千多米高度的征服相形见绌）。然后还有以二氧化碳为主的大气层、来自太阳的大量紫外线、宇宙射线。此外，就我们检查过的几个地点而言，这里显然没有液态水，土壤中也没有有机物。话虽如此，以上这些条件到底有害到什么地步？我们能否将威胁生命的状况和仅仅会造成不便的状况区分开来？

令人吃惊的是，温度这一要素并非如你可能认为的那样关键。这主要是因为火星上某些特定地点可以保持相当的温暖，而且不限时间。在地球上，由于极地气旋（这个命名真是准确）的巨大影响，2014年的冬天格外寒冷。为了强调这场严寒，媒体都热衷于指出北美哪些地方的气温已经比火星上任意一天的气温还要低。没错，在美国和加拿大的几个地方，由于寒风的作用，气温确实降到了火星表面的平均温度（210K，或零下63摄氏度）之下。然而，我们应该考虑的是我们的火星车在漫游于火星表面时所遭遇的真实温度：大气温度峰值最高可达0摄氏度，而地表温度甚至可以高达20摄氏度。[x]

这种明显反差的原因在于平均温度与局部温度之间的差异。地球每一天的平均气温都在15摄氏度左右。你住得离赤道越近，接收到的阳光热量越多，也就越温暖。反之，距离赤道越远就越冷。地球上的气温极限（即最高气温与最低气温之差）之所以比火星上的小，主要是因为海洋和低层大气带来的热稳定性。在火星上，天气最好的日子也会有巨大的温差：太阳落山后，气温会急剧下降到零下 90 摄氏度。然而在火星赤道附近，每天太阳都可以在短时间内为生命提供潜在的温暖栖息地。

要判断任何地球生物能否在火星上生存和生长，最快的办法莫过于搜罗每一种生物，把它们送上前往火星的超远郊游。我们会发现，火星上的局部条件千差万别，"好客"程度也有高有低。因此要得到全面的结论，我们必须在尽量大的范围内撒播地球上带来的物种。然而，任何尝试这种实验的念头都会带来一个严重的问题：一旦我们将地球上的小虫带上火星，就很可能已经对火星表面造成了新物种污染，进而让我们接下来寻找真正火星生命的努力变得无效。

这一点非常重要，因此NASA和欧洲航天局这样的航天机构均投入大量资金，以确保这种污染不会发生。所有前往火星的航天器都要被消毒，并存放在"清洁"的房间里——这些房间的作用是将最细小的生命孢子和菌丝拒之门外。然而令人讽刺的是，人们在NASA和欧洲航天局各自的一间清洁室中都发现了一种顽强的细菌——事实上两次都是同一种。很显然，大自然痛恨无菌室，并且下定决心要去拜访火星。那么，在不离开地球的前提下，我们能在多大程度上复制火星表面的环境呢？有两种办法：第一，预订一次前往南极的旅程；第二，跟操作火星环境模拟器的研究科学家交上朋友。

寒冷气候中的生命

在游客指南上，南极洲的干谷总是被当成地球上最像火星的地方来推荐。这是绝无仅有的一个宣传与事实相符的案例：这里遍布砾石的不毛山谷是真正意义上的低温荒漠。降水非常稀少，而且都是以雪的形态落下，很快就会被强风卷走。仅有的一点儿土壤也贫瘠得令人难以置信。寥寥几个湖泊均被冰层覆盖，只有在当地冰原偶尔融化时才能得到补充。

这里的环境荒寂酷寒，显然不欢迎生命的存在，然而仍拥有一些独特而稳定的（尽管谈不上兴旺）生物群。对那些志在寻找火星生命的人来说，这里的石穴生光合细菌（photosynthetic cryptoendolithic bacteria）[xi]群落也许最能吸引他们的注意力。这种细菌生存在岩石（主要是砂岩）表面以下 1 微米到 10 微米深处，在岩石基质的细小缝隙中形成群落。这些缝隙让它们免于狂风的威胁，也遮挡了地球上最强烈的紫外线，同时还能让它们每年有几个月时间接收到足够的阳光以进行光合作用。其他时候，它们会冻结休眠以度过漫长的冬天。岩石的升温速度快于周围的空气，因此形成了一种矿物温室，让细菌得以在其中生存。

我们仍不清楚这些生命体是如何摄取水分的。一种可能性是，当出现难得的降雪累积和融化时，会有极少的一些水分可供利用。这些细菌会把水分收集起来，储存在它们加厚的细胞壁中。此外，这里几乎不存在任何有机营养物质。人们猜测这种细菌是从那些极为稀少的、被风刮来又被岩石俘获的土壤微粒中获取磷、硫以及其他营养。

当然，即便是火星上相对而言最温暖的赤道地带，也会让南极的干谷显得如同湿润的热带天堂。然而南极干谷也向我们证明：只要有最可怜的一点支持生命的物理条件，就可能有顽强而具高度适应能力的生命体对这些条件加以利用。

冰箱中的生命

另一条通往火星的道路是在实验室中复制火星表面环境，不用离家太远。你需要一间能将气压降低到 1/100 地球大气压的压力室，向里面注入符合火星大气成分比例的气体，还要用液氮将室内温度降低，以模拟火星表面的低温，最后用一盏高功率的全光谱的弧光灯来模拟太阳。全世界有不少研究实验室都拥有火星环境模拟器。这样一来，地球上的生命体（以微生物为主）就可以被引入模拟的火星环境，而人们会用各种生长、新陈代谢和基因活动测试对它们的反应进行测量。

我们从这些实验里发现了些什么呢？实验结果证明有多种地球微生物可以在火星的温度、气压、大气构成和阳光辐照下生存和生长。有趣的是，在这个火星幸存游戏中，并非所有幸存者都是传统的嗜极微生物。有几种肉食杆菌属（Carnobacterium）细菌在模拟火星环境中的表现相当不错。这类细菌常生长在真空冷冻肉食的容器中，并因此得名。后来人们还发现这类细菌的天然栖息地包括缺少氧气的西伯利亚永冻土层深处。甚至还有一批物种在模拟火星环境下比在普通的地球温度和气压下活得更好。显然，这帮家伙会是火星之旅最优先的旅客！

然而还有一个无法回避的事实：地球生命必须得到水（哪怕是一丁点儿）才能生存。那些在南极干谷岩石中生存的细菌群落正向我们证明了地球生命可以依靠多么稀少的养分和水活下来。它们需要的不多，但是不能没有。正因为这种基本需求，我无法确定地告诉你地球生命是否能在火星上生存。然而，只要我们能在火星上找到一小口哪怕是与外界隔绝的或短期存在的液态水——比如火星地下冰层只要融化一丁点儿——地球生命就有把这些水加以利用的可能性。如果地球生命能做到，那火星生命也没有理由做不到。不过，要在火星地表（或是地下）找到这种可能高度局部化、季节化而且稀少的水源，在依靠我们的轨道观察站或是移动范围有限的表面漫游车的情况下，我们能有多大机会呢？

新希望

火星上遍布沟壑。每一代新的火星轨道观察站都发现着新的深谷、河道和沟渠，而且细节越来越清晰，范围越来越大。然而没有人想到在这些沟壑中竟会看到某种似乎季节性的流动。这种流动在火星的春天变大，又在秋天缩小。如果这还不够惊人，那么在看到它们在同一个位置年复一年地出现之后，你一定会目瞪口呆。人们发现，火星表面并不平静，反而是活跃而动态的。要发现这一点，我们只需要有分辨率够高的轨道相机和训练良好、有充分耐心的科学家。火星侦测轨道器的HiRISE相机再一次为我们提供了这种视野，让我们对火星表面细节的分辨能力达到了一个新水平。

这些流动特征本身被称为"循环坡线"（recurring slope lineae，在学术期刊上被缩写为RSL），是一些可辨识的暗色条带，分布在宽度1米至20米之间的小沟中。亚利桑那大学卫星与行星实验室（HiRISE相机的设计者）的一个科学团队在2001年发表的一篇研究论文中首次公开了RSL特征。随后该团队在2013年末又发表了更为全面的研究成果。这些暗色斑纹会逐渐增长，在较暖的季节中向前推进——位于北半球者在北半球的春夏两季变长，位于南半球者则相反。此外，它们很容易与同期发生（尽管通常在不同地点）但更为突然的尘崩和岩崩现象区别开来。

在较大的山谷和陨石坑边缘会有明显的基岩层暴露出来，而循环坡线往往出现在这些基岩层的下方。关键在于，它们出现在较为陡峭的斜坡上，坡度大于30度，这样的地形对我们现有的这一代火星车构成了巨大挑战。（还记得无畏的火星车"勇气号"是怎样倒在一座小沙丘脚下的吗？）这种状况令人遗憾，因为形成这种季节性循环沟渠的斜坡正是我们寻找现存火星生命的最佳地点。

为什么这样说？因为水（最大的可能是液态的咸水）是对这种特征形成的最好解释。正如你在夏季浇灌花园时裸土在湿润后会变黑一样，火星沟谷中暗色条纹的增长也可以被视为液态水流动在土壤中留下的湿润痕迹。大多数季节性特征出现在火星南半球颜色较暗的岩石地带以及赤道地区的"水手号谷"①。这些地区测得的地面温度较高（当然，这里的"高"仅仅意味着高于250K），因此含盐量高的咸水能以液态存在。此外，这些特征的循环出现也意味着它们能提供潜在的稳定栖息地：不论多么贫乏，年复一年，火星生命赖以生存的资源总能在这些地方逐渐集中，富积起来。[xii]

在前文中我曾警告过：火星存在甲烷很可能又是我们愿意听到的故事，而非有数据支持的事实。那么我自己是否也掉进了这个陷阱呢？不过RSL特征是真实存在的，而且就我们所知，它确实不同于我们在火星表面发现的其他可变特征。那么我们能确定RSL特征是由水造成的吗？显然不能。火星侦测轨道器携带着一台分光仪。如果有水存在，它就可以探测到水的光谱踪迹。然而截至目前，这台分光仪还没有在这些暗色条纹上探测到水存在的迹象（尽管它已经捕捉到了盐类沉积在这些沟壑中留下的印记）。此外，我们仍然难以确定这些沟壑中可能有多

① 水手号谷（Valles Marineris），火星上最大的峡谷，位于塔尔西斯火山高原东侧。得名自"水手9号"探测器。

少水存在——只要非常少量的一些咸水，就足以在土壤中造成暗色条纹。

关于目前发现RSL特征地点的水源，还有几个难解的疑问。RSL特征似乎主要出现在从日照中吸收热量较多的低纬度地区，然而"奥德赛号"已经告诉我们：火星表面的水冰在这些纬度上的分布是最少的。这就再次引发了上面的疑问：是否只需要极少量的融冰就能形成我们观测到的RSL特征？这些特征的连年重现则更加令人迷惑：如果我们看到的真的是少量水冰的季节性融化现象，那当地的冰储量不会很快耗光吗？考虑到火星表面的漫长历史，今天仍能看到具有RSL特征的地点这一事实告诉我们：假如这些特征的确与液态水有关，那么这里的水源应该以某种方式得到了补充。但补充是如何发生的？我们只能猜测。也许是火星土壤在与大气的反应中捕获了大气中的水蒸气。还有一个可能性更加令人费解：这些局部融化点也许只是冰山一角[xiii]，即只是一个更复杂的地下蓄水层的一部分。液态水会在这些蓄水层中流动，方向则受到难以被渗透的岩层限制。RSL特征似乎总与暴露在外的基岩层联系在一起的事实是否与此有关？我们不得而知。

最后，我们还得考虑这样一个问题：这些季节性沟谷可能提供的生命栖息地如何与火星表面的生命证据这一更大的命题产生联系？"海盗号"认为目前的火星上没有生命，至少是坚定地表示了"我不知道"的态度。然而两个"海盗号"着陆器造访的地点都位于起伏的平原（那里的地形适合安全地自动着陆），而不是RSL特征所在的、着陆难度更大的沟谷地带（如陨石坑和山谷）。我们已经从南极干谷中了解到：在艰难的环境中，活体生物的分布与液态水的分布（哪怕只有一丁点儿）紧密相关。

此外，我们已经认识到：火星大气的化学构成表明，火星上不可能广泛存在对大气进行生物利用的地表（或浅层地下）生命，不论它们是以大气为生还是对大气做出补充。"广泛存在"一词在这里是关键所在：拥有合适的局部地质条件和坡地环境的陡峭地形仅占火星表面总面积的不足百分之一。因此局部环境条件可能对火星生命的丰度构成了严格的限制，使其对大气造成的改变低于可测量水平。

可以确定的是，火星上季节性沟谷的发现给我们带来的疑问也许比它解答的疑问要多得多。我敢肯定，火星勘测轨道飞行器和HiRISE的团队很可能对这种局面不胜欢喜：发现目前无法解释的新自然现象正意味着科学的进步。

有一件事我敢肯定：如果我们观测到的，真的是咸水冰层的季节性融化以及这种融化在火星沟谷土壤上造成的湿润条纹重复出现，那么我们就已经发现了我们一直在寻找的潜在生命栖息地。我们已经对那些能在火星表面环境中生存和生长的地球生命样本进行了研究，而目前液态水仍是我们搜寻工作中缺失的关键一环。因此，随着RSL特征位置的发现，我们就已经在火星表面找到了一批似乎看上去能证明夜态水存在的地点。

我在本书开篇已经为你们划出了一条底线：目前还没有地

外生命存在的科学证据。不过在火星上的季节性沟谷中，我们已经找到了 5 种发现地外生命的可能情景中的第一种。虽然如此，我希望做到的却不仅是暗示地外生命的存在可能。我们如何到达那里？可能发现什么样的生命形态？需要什么样的科学才能确认它们的存在？

ALH8$_{4001}$

"当心你祈求的东西"，这是一条放之四海而皆准的人生金句。天体生物学家们热切地盼望某次样本返回任务能带回一份够分量的火星样本，供他们在地球上的实验室进行深入研究。1984年，这一梦想成真，却造成了影响长远的后果。这一年，一块黑色的石质陨石在南极的艾伦丘陵（Allan Hills）地区被发现。人们给它分配的辨识编码是 ALH8$_{4001}$。对潜在的陨石搜寻者而言，南极具有显而易见的几个优势：这片大陆的大部分地区都是白色的，而多数陨石都是黑色的。[xiv]

ALH8$_{4001}$ 是一颗 SNC 类陨石[①]。在地质学的陨石分类中，有一类被判定为来自火星（这种稀有的陨石类别的矿物基质中保存着微量的火星大气踪迹），而 SNC 陨石就是其中之一。ALH8$_{4001}$ 重达近 2 千克。如果按目前 1 000 美元/克的市价出售，它可以

----

① 见第四章尾注 viii。

为你带来近 200 万美元的收入，对你的火星探索计划不无裨益。

然而，从许多方面而言，$ALH8_{4001}$ 都堪称无价之宝。它在火星陨石中也是独一无二的，并凭其自身特点在 SNC 类陨石中划出了一个新的子分类。作为一块石质陨石，$ALH8_{4001}$ 是我们所拥有的已知火星陨石中年龄最大的——它的放射性年代测定数据为超过 40 亿年。[xv]这意味着构成 $ALH8_{4001}$ 的岩石形成于火星历史的最初阶段，也就是火星表面的地质状况还由液态水决定的时期——那个"温暖湿润的年代"。的确，这颗陨石的矿物基质中存在着碳酸盐的沉积，而这些碳酸盐的析出在温暖的液态水中才会发生（至少在地球上是如此）。这些岩石没能留在火星上（这对 $ALH8_{4001}$ 是个不幸，对我们却有不少好处）：大约 1 500 万年前，另一块陨石的撞击将 $ALH8_{4001}$ 溅离了火星表面，让它在行星际空间飘荡无依。大约在 13 000 年前，$ALH8_{4001}$ 与我们相会，在燃烧中落向南极冰原，并在那里开始它穿越大陆的缓慢旅程。

被发现 12 年后，$ALH8_{4001}$ 成了大新闻。由 NASA 牵头、负责研究这块陨石的团队完成了他们漫长而仔细的研究，并在《科学》杂志上发表了研究成果的学术论文，题为"寻找过去的火星生命：火星陨石 $ALH8_{4001}$ 中的可能生物活动遗迹"。如果这还足以令你的天体生物学触角跳动起来，那么 NASA 还组织了一次大型媒体发布会，确保你意识到此次发现可能带来的惊人后果。[xvi]

让我们把注意力放在科学上，而不是科学成果带来的喧嚣上。这个研究团队在ALH8$_{4001}$里找到了什么隐藏证据呢？每个证据都与存在于这块火山岩上的裂口和缝隙中的碳酸盐矿物有关。第一条线索是这些碳酸盐矿中包含了一类被称为多环芳烃（PAHs）的有机化合物。团队得出结论：这些多环芳烃化合物很可能与陨石内部有关，而非仅是其在地球上的千万年中沾上的污染物。[xvii]而在地球化石中，这些化合物可能（但并非总是）与腐坏的生物有关。第二，这些碳酸盐矿中明确含有某些特定的含铁和含硫矿物的沉积，而这种矿物分布可能出现在某些可以代谢此类金属化合物的地球生物中。第三个证据相当清晰，可能也是这个故事中最有力的证据：在这些碳酸盐矿物的边缘附近聚集着排列有序的磁铁矿（四氧化三铁）晶体微粒。从这些晶粒的大小、形状和精致细节来看，它们与地球上那些能消化磁铁矿的细菌所制造的晶粒类似。第四，ALH8$_{4001}$显示出的最吸引眼球的证据：研究者宣称在陨石内部的断裂表面上发现了呈细菌形状的物体（他们毫无创意地将之简称为BSOs[①]）。这些细小的超微化石看起来与地球上的微化石极为相似，只有一点不同：它们中的大多数都比地球微化石小得太多。综合上述证据，ALH8$_{4001}$的研究团队提出：这四条线索所指向的生物原因（即古代火星微生物），能为陨石中发现的各种特征提供一个最佳的单一解释。

---

① BSOs，即"细菌形状的物体"（bacteria-shaped objects）的缩写。

此处正是争议的开端。在天体生物学领域中，卡尔·萨根为人引用最多的一条准则是"非同寻常的主张需要非同寻常的证据"。换言之，如果你声称做出了一个重大发现，你的科学证据和基于这些证据的结论必须能够经受超常严格的审查，并且要能毫无破绽地通过。这样的审查很快就到来了。

NASA的局长丹·戈尔丁（Dan Goldin）从外界邀请的科学家中有一位名叫比尔·舍普夫（Bill Schopf），负责对NASA的结论进行独立评估。选择舍普夫非常明智：他是声名卓著的古生物学家，发表了多篇研究太古宙和元古宙古代地球化石生命证据的论文。[xviii] 舍普夫没有被许可进行自己的分析，只是被要求对已发表的证据和研究团队的结论做出评估，并提出自己的看法。由于人们急于制造富有震撼力的新闻标题，舍普夫最初的评估结论被掩盖了，但这个结论却经受住了时间的考验。他认为：可能的非生物作用或ALH8$_{4001}$在南极停留的13 000年间受到的污染都能造成支持ALH8$_{4001}$中存在古代化石这一观点的四个证据。火星生物仍是在ALH8$_{4001}$中发现的特征中一种看似可信的解释，但它只是多种解释之一，而且资料的质量不足以清晰地指出哪一种解释才是正确的。

虽然如此，我想我们还是能从ALH8$_{4001}$的故事中得到更具普遍意义的教益：对这块陨石所做的科学分析是非常出色的——最初的论文和独立团队所进行的更漫长的后续工作都是如此。从我们的后见之明来看，哪个研究团队都会做出同样的事

（除了也许会在利用媒体方面更谨慎一些之外）。然而我想这个故事充分表明了我们到底应该如何对待从将来的样本返回任务中得到的岩石和土壤。就这个意义而言，$ALH8_{4001}$以及人们对它进行的科学分析仍然具有特殊的价值。它提醒我们，未来的火星样本返回任务也许无法让我们得到清晰的答案——尽管我们可能会天真地如此期待。在尝试之前，我们什么都不能确定。现在我们所能祈求的，就是得到多一点的火星物质——最好是经过科学的条件控制直接从火星表面取得的物质。

瞄得更高，投得更远

"海盗号"任务之后，经过长时间的停滞，人类热情地重启了对火星的探索，至今已有近20年。关于火星，在这20年中我们了解了许多，比如古代火星的水文地质面貌、现代火星地表之下的水冰层、火星的土壤化学，还有火星表面的季节性变化。更重要的是，我们学会了该如何提出新的问题：古代的沉积作用是否保存了太古宙类型的化石？季节性沟谷的形成是否与液态水有关？地表之下的冰层能否提供生命栖息地？不过最关键的也许是，我们已经知道该如何解答这些问题，那就是实施一次大胆的火星样本返回任务。

一次成功的样本返回任务会让我们在理解火星生命（不论是古代的还是现代的）方面实现天体生物学需要的飞跃。这不仅是我个人的观点。2013 年，美国国家研究委员会^①提出了其十年规划，报告详述了美国在未来十年中的太阳系探索目标，并将准备一次火星样本返回任务列为最优先目标。这份报告做出了一个正确的判断：火星样本返回任务是全面解答关于火星表面状况及其作为生命栖息地的潜力等问题的最有效途径。NASA 和国家科学基金会（后者是美国政府研究经费的一大来源）都索取了这份报告，这让它的重要分量显露无遗。不过，我们将会看到，良好的建议是一回事，基于这些建议做出好的决定则完全是另一回事（当考虑到有限预算将造成的困难时，情况更加如此）。

寻找火星生命的最佳机会？

关于火星及火星上存在生命的可能性，我们已经讨论了很多。该进入一些细节的探讨了：生命的可能栖息地在哪里？我们需要进行哪些实际检测对之进行确认？头号目标是在沉积岩中寻找古代化石。尽管寻找化石可能不如寻找现存生命那样激动人心，却有着坚实的科学基础，而且实际操作中的困难看上去也不是不可克服。

"好奇号"火星车目前所探索的区域正拥有我们感兴趣的地

---

① 美国国家研究委员会（U.S. National Research Council），1916 年由美国国家科学院创建的"民间非营利组织"，是美国国家科学院、国家工程院和美国国家医学院具体从事科学技术研究和业务活动的机构。

形：这里有暴露在地表的古老岩石（跟ALH8$_{4001}$一样古老），其地质状况显示这些岩石在远古时代曾浸泡在温暖的液态水中。我还要补充一点："好奇号"发现这片区域可不是因为误打误撞——它的着陆地点是从一系列候选位置中挑选出来的。火星侦测轨道器对这些候选位置进行了极为细致的分析，正是为了从中找出"好奇号"目前正在探索的那种环境。"好奇号"可以从岩石上钻取小份的核心样本，最深可达5厘米。尽管科学家们可能很希望它能往下钻得更深一些，希望它取出的是整块的岩石核心样本而不是石粉，但"好奇号"目前最缺乏的，是将样本送回地球的办法。

年轻火星的丰水期大约出现在35亿年前到40亿年前，就在陨石碰撞的晚期爆发阶段结束之后不久，并恰与地球上出现生命萌芽的时间重合。我们要在火星上检验这一观点，应该使用的正是我们在地球上寻找古代化石生命时所用的方法：在显微镜下寻找细胞排序（cellular order），并用生物化学方法检测新陈代谢产物和腐坏有机物的遗迹。要进行这样的研究，我们必须从各种可能含有化石的地质区域（即古代沉积岩区域，因为沉积岩形成的化学原理要求一个温和、稳定并拥有液态水的环境）取得岩石样本，然后，我们还需要将这些样本送回地球。

考虑到这个挑战，我们就可以从天体生物学背景出发，来理解为何会有一连串的火星车被送往火星对其地表进行探索：尽管进展缓慢，但对于那些被认为在约35亿年前可能适合生命出现的地点，我们无疑正在揭开它们的面纱。事实上，考虑到火星表面的相当大一部分都是由这种古代岩石构成，我们能从中得到的关于火星生命起源的知识甚至可能超过目前我们对地球生命起源的了解。

我们的另一个目标是从那些神秘季节性沟谷构造中取回样本。我们将在这里寻找活跃生态系统存在的证据，而不是化石遗迹。期待活体生物能在返回地球的航程中活下来也许太过乐观。我们要做的只是对返回的样本进行分析，在其中寻找微观生物秩序的证据，寻找当地土壤化学构成是否能为新陈代谢提供能量或是否含有可能副产品等问题的线索。然而，发生季节性融化的沟谷（如果我们没猜错的话）将对我们勇敢的火星车构成挑战：那里的地形极端恶劣，是一些位于石壁尽头的松软陡坡。时间控制则是另一个问题：这些季节性结构能维持多久？沟谷是否会定期干涸，甚至完全消失？

显然，尽管前景诱人，NASA在创新方面也有骄人的记录，但从火星沟谷中取回样本仍有巨大的难度。也许你可以采取更现实的选项，向下钻上几尺直到水冰层，看看能找到些什么。不过如果你只是随机开挖，就要做好失望的准备：那里可能没有融化现象，没有富集的有机物，也没有生命。好在冰层大量存在，也很容易够到，所以在返回的行囊中装上一份冰层样本应该不是什么难事。

发现，开挖，走人

一次火星样本返回任务应该怎样进行呢？在许多方面，它都可以被当作一次接力赛跑，包括轨道器、漫游车、升空器和返地飞船等多项任务，其中每一项技术挑战都会有一个独立的航天器来应对。宝贵的火星样本则将通过精心设计的接力流程在各个阶段之间进行传递。我们已经了解了这次任务中的一些步骤，比如同步发射一个轨道器和一个着陆器，以使二者协同工作，在火星表面搜寻最佳地点。一台与"好奇号"设计相似的漫游车可能从各种有价值地形取得并识别多个样本，并将之贮存起来。整个任务可能要历经多年，其中包括在火星表面的漫长旅程。漫游车还需要各种传感器和其他设备来识别并收集最有价值的样本。简而言之，我们需要一台庞大又耐用的漫游车。

怎样才能将样本送回地球呢？一般来说需要两个步骤。首先，我们需要一个火星升空器将样本从火星表面送上环火星的低空轨道。事实上，将火星样本从火星表面送上轨道是整个任务链中关键的一环：毕竟引力不站在你这边，而将每一千克送上天都代价不菲。你打算送回地球的物质质量大概不能少于20千克（而且别忘了，这一载荷质量还包括高强度的样本容器）。要将这些物质送上轨道，你必须将它的速度提高至近5千米/秒，即火星的逃逸速度。[xix] 你不需要一枚太大的火箭来输送区区20千克的载荷。目前的设计可以为此任务提供一种重400千克，长约4

米，直径约 0.5 米的火箭。真正的挑战在于确保这枚火箭在经历了 6 个月的深空旅行、抵达火星表面前的剧烈降落和在火星表面可能长达一年的停驻之后还能正常工作。你显然只有一次机会，所以不容有失。

也许你还对更大的载荷质量有想法，比如带走重达 200 千克的火星物质。然而要将这样重的东西带回地球，所需的火箭就会是一个笨拙的庞然大物，质量会达到 1 500 千克，长度会达到 6 米。这对火箭而言已经相当巨大，但作为地面工作站还只能说简陋——"好奇号"的质量就有 900 千克。因此，你面临的是一个巨大挑战：将一枚巨大的升空火箭安全着陆在火星表面。带走 20 千克火星物质也许就是你的最佳选项。样本可以分成多份，每份取自不同的表面地形。这在科学上仍然足够令人激动。

抵达轨道之后，升空器必须完成与任务轨道器的自动对接操作，将宝贵的货物送进轨道器，然后轨道器或与之连接的其他部件就成为返地航天器。返地航天器会使用一台火箭引擎返回地球，进入地球轨道，再将样本容器送达地球表面。最后这一阶段颇有难度：NASA 的"星尘号"探测器和日本航天局的"隼鸟号"①探测器都曾沿超高速轨迹将彗星和小行星物质样本送回地球，速度高达 12 千米/秒。这种方式意味着在重返大气层时需要燃烧掉巨大的能量，对火星样本的返地也构成风险。如果降落伞

---

① 隼鸟号（Hayabusa），日本宇宙航空研究开发机构的小行星探测器，于 2003 年 5 月 9 日发射升空，2010 年 6 月 13 日返回地球。

失灵，返回舱破裂，那么，"休斯敦，我们都有麻烦了！"[1]

　　然而，我们并非没有风险低且可承受的其他返地选项。商业运营、可循环使用的近地轨道"龙号"飞船[2]就能通过一次标准的货运任务将样本容器送回地球。读过《仙女座菌株》[3]的人都清楚把地外物质带回地球将遭遇多少麻烦（尤其是当样本中可能包含生物物质时）。更不用说我们还有足够的科学理由不愿让火星物质与地球上的任何东西发生接触：要让火星样本保持原状已经十分艰难，而且回到地球也不是万事大吉。总之，这些样本的旅行终点将会是某个特别准备的分析设施，接下来就要看科学的了。

残酷的现实

　　这一切听起来都很美好，然而会变成现实吗？ NASA 与欧洲航天局早在 2005 年就意识到：一次火星样本返回任务的挑战不是哪个航天机构可以单独应付的。设想一下吧：这个假想计划的每个组成部分——轨道器、漫游车和火星升空器——各自都可

---

① 语出电影《"阿波罗 13 号"》中的台词："Houston, we have a problem."
② "龙号"飞船（SpaceX Dragon），由 SpaceX 公司开发，是第一款由私人企业开发并发射进入近地轨道，又返回地球的宇宙飞船。
③ 《仙女座菌株》（*Andromeda Strain*），亦译作《天外来菌》《仙女座瘟疫》，美国作家迈克尔·克莱顿（Michael Crichton）发表于 1969 年的科幻小说。

以独立成为一个尖端级别的太空项目，也就是说每个部分的预算都可能远远超过 10 亿美元。如果再加上对地球上的专用样本处理设施的潜在需求，摆在我们眼前的总预算可能超过 70 亿美元。各方就样本返回需要的多方协作太空计划所展开的合作有一个令人振奋的开始。然而，NASA 无人探索项目的预算在 2011 年被削减了 20%，并且在将来也几无增加的可能，导致这场合作泡汤。

残酷的财政现实令 NASA 将其样本返回计划束之高阁。然而科学没有放弃，坚信人类将从样本返回任务中获得新知识的科学家们也没有停下脚步。NASA 和欧洲航天局目前都在计划将各自的"好奇号"级别漫游车在 2020 年前送往火星。考虑到我们能用于探索太阳系的资金不多，这种重复努力似乎是对有限资源的一种相当低效的利用。[xx]

既然我的 40 亿美元不足以支持一次样本返回任务，那么我是否应该采取上述方式来使用我的科学基金呢？更多的漫游车项目是否是在太阳系中寻找生命时的最佳选择呢？坦白地说，我的回答是否定的。（不过话说回来，搜寻生命也并非 NASA 无人探索项目的唯一优先目标。）如果我们的目标是合作努力，让一次火星样本返回计划得以彻底地真正实现，那么我情愿承担其中的风险。任何关于火星的次要目的都无法成为我的天体生物学项目的首要任务——考虑到太阳系更遥远区域中还有其他等待我们发现的惊喜，更是如此。

我一开始给了你 40 亿美元，用以支持你的天体生物学研究

（虽然那只是个有些戏谑意味的数字，不是什么精确研究得出的预算）。现在我想你应该能看出科学家和科学资助者之间必须达成的平衡了。你是否会愿意去找到本书的另一名读者（欧洲版的读者），将你的（全部）资金与他共享，将你所有的鸡蛋都放进火星样本返回任务这个篮子里？幸运的是，你还可以在阅读余下几章的同时思考如何回答这个问题。在我们穷尽手中的所有选项之前就强迫你给出回答，似乎是不公平的。

对火星的载人探索

在我们告别火星之前，我还想提出一点临别时的想法：载人火星探索计划只是一种炫耀、一小步和一次插旗练习吗？抑或它能为我们清除让无人行星探索步伐慢下来的障碍，让我们前进一大步？

有两种观点值得探讨。一种认为机器人可以完成人类能完成的所有科学任务，甚至比人类做得更好，同时在整个过程中还不像人类那样需要大量的食物和正反馈激励。毫不夸张地说，无论在情感上还是物理上，机器人背负的包袱都比人类要少。它们除了电力之外不消耗任何东西，也不产生生物废料。机器人不会情绪低落（HAL 9000[①]除外），不会在低重力环境中发生骨质

———————————

① 阿瑟·克拉克的系列科幻小说《太空漫游》中的超级电脑和主要反派。

流失，也不会因为宇宙射线和太阳风造成的辐射病而变得虚弱不堪。[xxi] 鉴于一次火星样本返回任务可能需要向火星表面投放重约两吨的设备，只能将最多 20 千克的样本送回地球，那么一次载人任务向火星表面投放的设备可能至少重 40 吨。更不用说这样要多花多少钱了！

不过还有另一种观点。1972 年，作为"阿波罗 17 号"的乘员，哈里森·施密特（Harrison Schmitt）成为第一位造访月球的科学家。他与另一名宇航员吉尼·塞尔南（Gene Cernan）一起拜访了月球上的陶拉斯–利特罗地区①。这里是古老的月球高地的一部分，至今仍保存着火山活动的证据。在执行他的最后一次月球行走任务时，专业的地质学家施密特发现了一块"古怪"的岩石，那是一片与周遭环境并不协调的火山喷出物，这块岩石的正式名称是"橄长石 76535"。由于包含丰富地质信息，橄长石 76535 被人们称为从月球返回的最有意思的样本。施密特的发现向以无人方式探索太阳系的思路提出了一个重大的问题：施密特的田野经验和天赋让他得以在成千上万的石块中注意到这块奇怪的石头，但一个机器人如何能复制他的经验和天赋？一个远程操作员又如何能获得与一名火星上的宇航员相同的感官经验？

在某些意义上，以上的问题都只是假设而已。如果人类真的要造访火星，那一定不只是出于科学原因——和我们对月球的

---

① 陶拉斯–利特罗地区（Taurus-Littrow region），位于月球正面东北区的澄海东部金牛山脉（Montes Taurus）西南侧。

拜访一样。我能确定的只有一点：40 亿美元肯定是不够的！

注释

i 一旦着陆，我们就得开始使用火星时间：每天——或者按NASA 的说法，每个火星太阳日（sol）——是 22 小时。（原文如此，疑有误，火星太阳日应为约 24.6 地球小时。——译者注）

ii 我个人对"海盗号"视角的火星景象的印象更乏味一些。当我看到照片上各种坑洼不平的地上大片散落着的不规则石块时，我的第一个想法是：你们居然往这个地方派出了一个无人着陆器，让它在没有协助的情况下利用火箭着陆，而它最后竟然没有碎成七八块，还能直立在地面上——你们的运气可真不错……

iii 如果我们为一个研究课题多次发射探测器，那么后来的探测器就能学习先行者的经验，并尝试比老一代所执行的更复杂、更大胆的科学任务，而这是徒具雄心的单次任务所做不到的。漫游车的"家族树"可以很好地说明这一点。

iv 风化层即各大行星和卫星上矿物质被风化后形成的纤细粉尘，与地球上我们所知的土壤不是一回事，因为那些环境中缺少腐化的生物物质。

v 作为参照，地球上海洋的平均深度为 3 600 米。如果我们把地球表面熨平并制造出一个覆盖全球的大洋，这一平均深度还会减少到 2 600 米。地球所含水分中只有3%被锁定在极地冰盖中。如果将冰盖融化，海洋平均深度可以有一点小小增加，大概 100 米左右。当然，这样会带来重大的后果，因为地球人口中有40%生活在距离海岸线 100 千米之内的范围。

vi 火星大气压的平均水平使得液态水只能在很窄的温度范围内形成。更常见的情况是：暴露在外的水冰会从固态直接升华为气态。

vii 不过这个海洋不会覆盖火星全球，这是因为火星的形状并不均匀——其南半球的平均海拔高度比北半球要高。因此，火星可能曾经拥有一个巨大的北大洋，而在其他地方仅有小片水域。

viii 从更技术化的层面看，观测结果宣称看到的甲烷发射谱线比该设备在探测它时所使用的光谱分辨率更窄。这从另一个角度表明了探测结果的边界性。

ix 关于这一问题还有另一个角度，即火星是否像电影《公主新娘》（*The Princess Bride*）中的英雄韦斯特利（Westley）一样，可能只是"大部分"死了？

x 用Google搜索"Curiosity REMS"，就能看到火星上当天的天气情况。（REMS是"好奇号"火星车上的环境监测站。）

xi Cryptoendolithic（石穴生）这个词的字面意思就是"藏在石头里"。

xii 从技术角度来说，我的意思是：这些岩石的反射率（albedo）更低，其结果就是它们能比高反射率的岩石吸收更多的太阳能量，从而能达到更高的白昼温度。

xiii 考虑到此处的上下文，"冰山一角"很难说是不是一个双关语了。

xiv 当然，真正找到这些陨石并非那么轻松。由于陨石比周围的冰颜色更深，因此温度更容易升高，从而会融开冰面沉入冰盖之中。不过，由于整个南极洲范围内的冰盖移动为横贯南极山脉（Transantarctic Mountains）所阻断，局部的条件可能造成这些陨石被送回冰盖表面，并在相对小的区域富集起来。美国的"南极陨石搜寻"项目（ANSMET）的科学家们有着鹰一样的眼睛。他们会乘坐雪地车进行漫长的旅行，在横贯南极山脉的边缘地带反复寻找，一个季度就能带回来多达 130 千克的陨石。这就是 ALH8$_{4001}$ 被发现的原因。

xv 有的人会认为那颗名叫"黑美人"的火星陨石更为古老。然而，尽管"黑美人"中包含着放射性年代测定数据为 44 亿年的锆石晶体微粒，但这些微粒却被包裹在一块只有 20 亿岁，相对"年轻"的角砾岩中。

xvi 这次事件最终还让比尔·克林顿在白宫南草坪上为之发表了讲话。（我会在本书末尾讲到此事。）

xvii 但这个样本中还含有明显来自地球的氨基酸，这是让人对之有所保留的原因之一。

xviii 舍普夫的著作《生命摇篮》(*The Cradle of Life*) 中有一篇妙趣横生而又不乏教益的附录，讲述了整个故事。

xix 作为参照，地球的逃逸速度是 11 千米／秒，而月球的逃逸速度则是 2.4 千米／秒。

xx 面对这样的情况，我居然仍能保持风度，真不容易！

xxi 只要你给它们配备的电子设备具备一定抗辐射能力。

第六章

欧罗巴与恩克
拉多斯：水生
生命世界？

100 年之后的人们也许会提出这样的问题：为何天体生物学家们在寻找太阳系中的生命时，会从尘土弥漫、死气沉沉的火星开始，而不是首先将目光投向被木星和土星的那些冰封卫星包裹起来的液态咸水海洋。等等，我已经听到你的声音了！你是否在抗议：我一直讲述我们如何在火星的表土中仔细翻检，希望能碰巧找到一点点湿润的气息，却忘了太阳系外围区域的卫星上就存在着浩瀚的海洋？嗯，你可以这么说。我们花了这么长时间才讲到这里，你完全有权利感到不满。不过我得提醒你：你并不是唯一持有这种看法的人，众多行星科学家多年来一直为类木行星的卫星的宜居性声辩。

伽利略的卫星

无论伟大还是平凡，对于一名夜空观察者而言，目睹木星这颗巨大行星在太阳系外围的庄严运行都是最令人心驰神往的天文体验之一。如果天空够黑，时机也够幸运，即便是一架小望远镜也能让我们看到四颗连成一线的暗淡伴星陪伴在木星周围。它们就是伽利略在 1610 年 1 月首次看到的那些星球。伽利略的望远镜功能不够强大，除了这四颗卫星的位置之外无法显示更多。然而，在两个月的仔细观察中，伽利略注意到了它们围绕木星的环形运动。1610 年 4 月，伽利略在他的《星空信使》中发表了一个惊人的结论：木星拥有 4 颗卫星。这些卫星宿命般的大胆出现对传统的天文学（以及神学）教条构成了挑战——它们将木星而不是地球奉为它们的公转轴心。根据其美第奇家族资助人的名字，伽利略将这些新卫星命名为"科西莫星"①，但这个命名的流传却不如开普勒所提议的"艾欧""欧罗巴""盖尼米德"和"卡里斯托"那样长久。尽管如此，这 4 个新世界依然注定会在未来的科学和想象中扮演重要的角色。

伽利略发现的这些卫星是从什么时候开始真正成为世界的？我们在 20 世纪 70 年代得以与它们匆匆相遇几次：先是"先驱者 10 号"和"先驱者 11 号"高速飞掠过木星及其内圈的卫星，然后是"旅行者 1 号"和"旅行者 2 号"。与这些轨迹一样，这些卫星的图像同样是转瞬即逝，令人心痒难耐。"先驱者"探测器在飞掠这些卫星时距离相对较远，因此只传回了一些低分辨

① 科西莫星（Cosimo's Stars），其名得自美第奇家族的托斯坎纳大公科西莫二世（Cosimo II de'Medici）。伽利略曾担任他的数学教师。

率照片。这些云山雾罩的图像仅比我们在地球上用望远镜拍摄的图像稍好。"旅行者"探测器表现更佳，得以近距离飞掠艾欧和欧罗巴。[i] "旅行者"们拍摄的图像显示：艾欧是一个年轻而活跃的火山世界，其岩质表面为富硫的熔岩原所覆盖。我们第一次看到了火山喷出物形成的烟柱在太空背景下的轮廓，这是地球之外存在活跃火山的证据。与艾欧这个炽热的大熔炉相较，欧罗巴则完全是另一个世界，其表面光洁无瑕，闪耀着水冰那种寒冷刺目的光泽，并包裹着一个不为人所见的岩质内核。

在欧罗巴的轨道之外是盖尼米德和卡里斯托——木星卫星系统中的两个巨无霸。盖尼米德是太阳系中最大的卫星，尺寸比身为行星的水星还大一点。不过有趣的是，盖尼米德由冰和岩石混合组成，所以质量还不足水星的 50%。卡里斯托往往被不公平地称为伽利略卫星中的"无趣之星"，其尺寸和质量都比盖尼米德稍小，陨石坑数量略多，表面重构的证据则略少。它很符合我们关于木星卫星系统的观念：距离木星越远，卫星的活跃程度就越低，其上的环境也越平静。

欧罗巴、盖尼米德和卡里斯托这三颗冰封卫星都呈现出一种光泽。粉红+橙黄+棕褐，这是我们对这种光泽能做出的最准确描述。我们不清楚它由什么构成，也许是被裂缝中涌出的冰带到卫星表面的盐类和矿物，也许是行星际尘埃和少量有机物在卫星表面的沉积，也许两者兼有，也许两者皆非。天文学家们对这种物质进行了仔细的观测，但它没有呈现出确定的光谱标记，这正与上述两种解释完全符合。因此，在我们去往那里刮下来一点儿东西之前，似乎不太可能获得关于这一有趣难题的确定解答。

会变戏法的欧罗巴

如果你之前曾经留意，你会发现我对一个可疑的观测现象只是匆匆提及。为何欧罗巴如此光洁？即使在今天，太阳系中也到处都是被我们称为彗星和小行星的碎片——远古的行星诞生年代的残留。它们不断撞击着太阳系中那些没有大气层的星球表面。随着时间流逝，它们在每一颗行星和卫星上留下的陨石坑不断累积。抹除这些陨石坑的唯一办法是对星球的表面进行重构。以艾欧为例，其表面就被活跃的火山活动和熔岩原的流布重新塑造了。那么，为何欧罗巴会拥有一个焕然无痕的年轻表面呢（欧罗巴表面的历史只有5 000万年，这对一名太阳系的长期居民来说只是一眨眼的时间）？即使从"先驱者"和"旅行者"飞掠任务的匆匆几瞥中，天文学家和行星科学家们也注意到：尽管欧罗巴的表面没有陨石坑，某些地方却沟壑纵横，似乎受到深层地质力量的影响。

然而，"地质学"这个词在这里并不适用，更好的选择是"冻土地质学"（cryogeology）。这个词用于描述在冰冻的类地星体上的作用力系统。水在这种系统中的角色正相当于地质学中的岩石。这种观点将欧罗巴视为一个冻土地质学世界，水冰则在其中取代了坚固岩质表面的位置。表面冰层漂浮在由更温暖的冰或液态水组成的"岩浆"之上，在涌升和板块构造的作用下被重构。关于欧罗巴的这一看法令人震惊，然而又完全正确。其对生命存在可能性的暗示，和对欧罗巴上存在液态水的猜测显得有些不同寻常，但这却被后来的一位木星卫星拜访者所证实。

新伽利略

1989 年，一个以太阳系外围为目标的大胆新计划启动了。"伽利略号"将先在太阳系内圈区域沿着漫长而往复的轨迹飞行 6 年以累积引力能量，然后在前往目的地途中一举突破小行星带，最终成为第一个进入木星轨道的探测器。"伽利略号"完成的这一优雅动作被简称为 VEEGA（Venus-Earth-Earth gravity assist 的缩写，意为"金星–地球–地球引力助推"）。与"旅行者"们所循的引力弹弓轨迹类似，"伽利略号"与每颗行星的相遇都被用于增加自己的速度，消耗的仅是极其微小的一点行星公转能量。

在人类短暂的行星探索史上的所有探测器中，"伽利略号"的前任务阶段也许是最具科学趣味的：在卡尔·萨根的请求下，"伽利略号"在沿引力弹弓轨迹于 1990 年飞掠地球时打开了它的机载设备，进行了堪称史上首次以地球生命为目标的天体生物学调查。（我们将在第八章对此进行讨论。）

"伽利略号"在前往太阳系外围途中穿越了小行星带，并在小行星带中继续着它的现代发现之旅。它在这里发现了第一颗围绕某个小行星旋转的卫星：小巧玲珑的石块达克堤利①陪伴着仅比它略大的石块艾达。"伽利略号"的这一发现，再加上它在1994年从俯瞰角度拍摄的休梅克–利维彗星（Shoemaker-Levy）撞击木星的画面，意味着它的旅程早在1995年12月抵达木星轨道之前就可以说是相当成功了。

下降，下降，开始工作

"伽利略号"携带了一个可以与主体分离并以超音速下降到木星大气层未知深处的探测器。这个探测器于1995年7月从"伽利略号"上分离，在12月7日进入下降阶段。它以47千米/秒（约169 200千米/时）的惊人速度进入木星大气，承受了相当于230倍重力加速度的巨大减速。[ii]从进入速度减速到亚音速只用了2分钟。探测器的150千克隔热盾在剧烈的下降中被蒸发了超过一半。

下降探测器任务险些在此时变成一场灾难。它本应打开降落伞让速度降到更为平稳的160千米/时，从而对大气进行更详细的测量，然而降落伞没能及时打开，令人焦急地比原计划晚了1分钟。按理说这个降落伞应该完全失效才对——用于控制降落

① 达克堤利（Dactyl），得名自希腊神话中居住在艾达山（Ida）上的精灵达克堤利（Dactyls）。

伞启动的加速计被装反了。到底是什么让降落伞得以打开？这至今仍是一个谜。伞打开之时，探测器已经下降到木星大气中 156 千米深处，让项目科学家们获得了不足一小时的数据。这些数据向我们显示了一个化学构成丰富、狂暴而活跃的世界。

探测器最终在木星内部不断升高的温度和气压之下失灵：降落伞首先被熔化，让它开始了一段朝向行星内部的长时间自由下落。由于没有坚固的表面可以碰撞，探测器的组件得以稳定熔化，然后逐个被蒸发，直到变成单个的原子，与木星核心的液态金属氢融为一体，结束了它们的使命。

了不起的木星！

12 月 8 日，也就是富于戏剧性和启示性的下降探测器事件之后一天，"伽利略号"进入木星轨道。尽管"伽利略号"是一个木星轨道器，但艾欧、欧罗巴、盖尼米德和卡里斯托也近在咫尺，让它有机会多次飞掠这些伽利略卫星。在"伽利略号"为期 8 年的木星任务中，它完成了对木星的 35 次环绕，与欧罗巴相遇 11 次（事后看来，11 次并不算多，因为我们从这些相遇中了解到了大量知识）。"伽利略号"的设备中最重要的也许是它的磁强计。这个磁强计包含三个一组的两组感应器，安装在一条 11 米长的悬臂上，以使它免于受到航天器自身产生的微小磁场影响。[iii]它被用于探测仅次于太阳磁场的强大木星磁场。这个磁场由木星巨大的、可导电的液态金属氢核心产生。

出人意料的是，木星的磁场竟然在各个伽利略卫星身上"制造"（更准确的说法是"感应产生"）出了新的磁场。其中最令人吃惊的案例是欧罗巴。尽管欧罗巴作为一颗卫星来说算是比较大的（比地球的卫星月球稍小一些）[①]，但它形成时期的热量早已冷却殆尽，只留下一个固态的岩质核心。"伽利略号"的发现既匪夷所思，也颇有优雅之美：欧罗巴竟然拥有一个微弱的磁场。显然，这个磁场是由木星感应产生，而非欧罗巴自己产生。这是因为以下 3 个事实：欧罗巴磁场的自转周期为 11 个小时，欧罗巴自身的自转周期为 3.55 天，木星的自转周期为 11 个小时。所以很明显木星才是欧罗巴磁场背后的驱动力量。要在欧罗巴这样的卫星中感应出磁场，需要一个全卫星范围的导体。就行星而言，传导电子的能力来自某种液态金属核心，但欧罗巴对木星磁场如此敏感，它上面的导体又是什么呢？答案是：液态水。

科学家们从欧罗巴的光洁外壳上找到了第一条线索，开始思索是否有隐藏的液态水在欧罗巴表面地质结构的塑造中扮演着重要角色。"伽利略号"上磁强计的测量数据向科学家们提供了前所未有的视野，令他们的目光穿透那层冰封的外壳，在欧罗巴表面之下找到了一个遍布整个星球、深达约 100 千米的海洋！这

---

① 此处原文作 "slightly larger than Earth's moon"，有误，欧罗巴的平均半径约为 1 560 千米，质量约 4.8×10^{22} 千克，比月球（平均半径约 1 737 千米，质量约 7.34×10^{22}）千克略小。

还不算完。科学家们知道纯水并非是电的良导体，因此这个海洋必然有某种水平的盐度，才能产生我们观测到的那个磁场。盐度具体是多少则可能取决于造成这种盐度的究竟是哪些矿物质。不过我们有足够的理由相信欧罗巴海洋的盐度至少与地球海洋相同，甚至可能更高。

那么，欧罗巴上到底有多少水呢？如果这个海洋的深度确如"伽利略号"的磁强计测量数据所示，那么其总水量大约将为地球总水量的两倍。这是一个惊人的发现：这颗卫星比地球的卫星月球还略小，拥有的液态水却超过我们的整个行星。要说有任何发现能让我们坐直身体、竖起耳朵的话，就是这一个了：欧罗巴这颗冰封的卫星，再加上它那些围绕木星和土星运转的表亲，拥有太阳系中大部分的液态水。

在我们开始理解这一事实对生命在这些卫星上存在的可能性意味着什么之前，我想你有权叫一次暂停，请求做一次严格的精神健全测试。我们已经知道欧罗巴的表面由水构成——从欧罗巴反射出的太阳光光谱中，我们可以观察到清晰的水吸收光谱信号，从而做出这样的判断。然而，欧罗巴赤道区域的平均表面温度为110K（零下163摄氏度）；两极区域则更为寒冷，平均表面温度低至50K（零下223摄氏度）。那么，是什么让欧罗巴上的液态水得以形成？别忘了，在"普通"气压下，液态水的存在要求温度位于273K到373K之间（即0摄氏度到100摄氏度之间）。在太阳系外围的极寒之地，产生这种温度的能量来自何处?

潮汐、谐振、能量

在这个时代,我们理所当然地关注如何利用可再生能源。那么你是否思考过潮汐能量从何而来呢?我们之所以会看到海洋潮汐,是因为太阳和月球对地球产生的共同引力在地球面对它们的一侧比在地球背向它们的一侧略大。这种差异反过来又轻微改变了地球的形状,将其从圆球形变成了橄榄球形。地球上的海洋比岩石更有流动性,因此变形的程度又略微高出一点。海洋的上涌或多或少总是沿着日月引力合力的方向,因此,当地球的自转将我们带到近侧和远侧的海洋上涌区域下方时,我们就能看到高潮,每天两次。

导致海洋形成这种潮汐涌动的能量来自引力,来自地球环绕太阳进行的公转和月球环绕地球进行的公转。其结果之一是:随着时间的推移,地球和月球的公转半径以缓慢得几难觉察的速度变大。因此,你在家中使用的电能,还有你家乡的潮汐坝生产出的电能(假如你住在法国的朗斯河口这样的地方),归根结底都取自地球与月球的公转能量。

但是木星和伽利略卫星们又是怎么回事呢?在这个问题上,起作用的恰好是同一种效应:潮汐能在每颗卫星内部产生热量,艾欧和欧罗巴在木星的引力场作用下发生形变,盖尼米德和卡里斯托同样如此，只是程度较小。木星与伽利略卫星之间的潮汐作用与地月潮汐作用之间有一个关键的差异：这些卫星的公转轨道比月球的更呈椭圆形，其结果就是它们在公转过程中时而接近木星，时而远离，这导致卫星在每次公转周期中潮汐形变的程度不断变化。以艾欧为例，在其围绕木星的 42 小时公转周期中，它的表面可以上下起伏多达 100 米。

要设想这种效应，只要想象一个壁球就行了。每局比赛开始前，选手都会花点时间对球进行挤压，以增加它的弹性和弹跳力。使球变形消耗的能量会让构成橡胶球的分子发生摩擦，进而产生热量。同理，木星系统内圈卫星的周期形变也会对每颗卫星的内部造成挤压，挤压在其岩质核心中导致摩擦，摩擦产生热量。不过，还有另一种作用在这种潮汐效应的保持中至关重要。

在一个单一的行星–卫星系统中，发生潮汐形变的卫星的公转轨道上的不平滑之处会被引力相互作用熨平，最终变成圆形。然而木星系统内圈的卫星却处于潮汐谐振之中——它们之间相互的引力作用让它们的轨道变得同步。其结果就是艾欧每公转 4 圈，欧罗巴就公转 2 圈，而盖尼米德则公转 1 圈。[iv]当内圈卫星们周期性地排成一线时，整个系统就会受到一点小小的引力加速，让它们的轨道保持椭圆形。

导致这种情况的能量来自哪里？我们在地球上看到的潮汐效应改变了地球的自转和月球的公转，而同样的事情也发生在木星身上：木星的自转较其本应有的水平要慢，而木星系统内圈卫星的公转半径也随着时间的推移（以极为缓慢的速度）变大。这些能量又到哪里去了？答案是：它们被转移到了每个卫星的内部，形成巨大的热源。每一天，艾欧表面的每一平方米都产生出相当于黄石国家公园^①水平的热量，整个卫星就是一座火山。

潮汐能为艾欧这座炽热的熔炉提供燃料，也以同样的方式加热着欧罗巴和盖尼米德的内部。通过对木星各个内圈卫星之间潮汐相互作用的计算，我们也可以理解它们在活跃程度上的减退：它们与木星的距离越远，受到的潮汐力就越小。因此每颗卫星受到的潮汐加热越来越少，潮汐作用产生的内部摩擦对卫星表面的破坏也越来越小。我们已经看到这种加热过程在艾欧上制造出全球范围的火山活动，然而在欧罗巴上我们会看到什么呢？看起来，潮汐加热为欧罗巴带来的热量足以加热一个全球范围的海洋，直到其最外层（距离其温暖核心最远的一层）因为外太空的严寒而被厚厚的一层坚冰包裹。然而，既然潮汐热能可以在艾欧上造成剧烈的火山活动，它是否也能在欧罗巴上产生类似但更温和的效果呢？欧罗巴的海洋之下是否存在着由木星引力驱动的火山？如果有的话，这对生命在这颗遥远卫星上存在的可能性又意味着什么？

---

① 黄石国家公园（Yellowstone National Park），美国第一个国家公园，主要位于怀俄明州。公园内的黄石火山是北美最大的超级火山，且仍处于活跃状态，这使得黄石公园成为全球地热资源最丰富的地区。

深渊之火

1977年2月15日夜晚，乘坐科考船"诺尔号"（Knorr）的科学家们正航行在太平洋上，位置大致处于厄瓜多尔海岸与加拉帕戈斯群岛的中间。他们马上就要取得有关地球生命的最重要的发现之一。在他们下方2.5千米深处，无人深海探测器ANGUS（Acoustically Navigated Geological Undersea Surveyor，声学导航水下地质探测器）正位于海底表面上方，在小心的拖曳下移动。

这天晚上身在船上的地质学家和海洋学家们很清楚他们要找的是什么：一个深海热泉。这里的海水在地壳中循环流动，被地壳下方的地幔加热，然后被挤出海底地表，形成超高温的水柱。尽管人们长久以来一直怀疑这类热泉与火山活跃的大洋中脊有关，却只找到过一些关于它们存在的间接证据。当天深夜，监视探测器的科学家注意到深渊中出现了一个异常而显著的温度峰值。晨曦初现之际，人们已经费力地将ANGUS拖出水面，并将它在16千米的夜航中拍摄的3 000张照片洗了出来，加以研究。资深海洋学家鲍勃·巴拉德（Bob Ballard）在当时写就的一篇文章中讲述了这个故事："出现温度异常之前的几秒钟，照片上还只有一片荒芜而年轻的熔岩原，但在接下来的13帧（正好拍摄于温度异常的那段时间）照片中，熔岩流被成百上千的白蛤和棕贻贝所覆盖。我们此前从未在深海中见到这样高密度的累积。这一现象在一团浑浊的蓝水里迅速出现，然后又从视野中消失。剩下的 1 500 张照片上，海底再次变成了生命的荒漠。"

在接下来的两天里，科学团队的成员们争相要求挤上远征队携带的深潜器"阿尔文号"，以亲眼见证这一场景。湍急的浑浊热流带着气泡，从破碎海床上的裂口中涌出地表，散布在这些水流中的，是超出人们想象的大量深海生物。在这被科学界传统观点视为没有生命存在的大洋深处，这些家伙显然活得还不错。不出所料，此时科考队开始为没有邀请一名生物学家同行而深感后悔。直到两年之后，才有一支生物学考察队回到这一处深海热泉。它仍在那里，身处完完全全属于地球却又宛如异星的环境之中，这让生物学家们开始意识到这些独特生态系统将会多么重要。1979 年考察队的成员霍尔格·扬纳施（Holger Jannasch）是首先意识到问题关键的科学家之一："我们被这种想法及其预示的重大意义震惊。在我们这颗行星上，生命的运行普遍受到太阳能的推动，然而在这里，太阳能似乎在很大程度上被地热能取代了，绿色植物的角色也被化能无机自营养细菌（chemolithoautotrophic bacteria）所取代。这是一个震撼性的新观念，在我看来还是 20 世纪最重大的生物学发现之一。"

嗜极微生物在这些滚烫热泉的石壁上生存，通过从溶于超高温海水的矿物质中获取能量的化学反应维持生命，这种反应是地球化学式的，而非太阳能的。细小的虾类、庞大的砗磲以及超大的、血红色的管虫则以这些微生物为食。较大的掠食者如蟹类和小型鱼类则在边缘地带逡巡。这一切都发生在一个没有阳光的世界里。在这个繁荣而奇异的生态系统面前，那条将地球生命与太阳能联系在一起的纤细纽带被真真切切地斩断了。天体生物学从此将变得完全不同。

吃惊的科学家们没有浪费一分钟，立刻将他们的目光转回到木星的那些冰封卫星上。欧罗巴上的咸水海洋突然可以被置于一个全新的背景下来理解了，溶解在欧罗巴海洋中的矿物盐意味着这些水必然与这颗卫星的岩质内核有接触。欧罗巴核心产生的潮汐热能必然会向温度更低的表面传递，这是由不容辩驳的热力学第二定律决定的。热泉的发现让研究太阳系的科学家们获得了一个激动人心的新视野，让他们得以看到岩石与海洋之间的这种地质界面的可能形态。在欧罗巴的热泉中，是否会出现与地球上已知的深海生物系统相似的繁荣生物圈？在这些遥远的卫星海洋中，会出现哪些我们此前无法想象的深渊居民？

地球上深海热泉的发现深深改变了我们关于太阳系外围宜居性的看法，这种改变的重要程度无论怎么强调也不为过。不过我还想在这些令人神往的领域多停留一会儿，与你分享关于它们的更多发现。

1979 年，在加利福尼亚湾附近北纬 21 度区域，人们发现了一些富集矿物的高耸喷孔。再一次，乘坐"阿尔文号"的科学家们目瞪口呆地看到墨黑的水团从喷孔中剧烈喷出，宛如工业污染最严重时代的那些大烟囱。超高温的水中溶解的矿物质突然接触到接近零度的海水，从溶解状态析出，造成了这种墨黑的颜色。科学家们向这些"烟囱"释放了第一个温度探测器，但探测器很快就被熔化。ⱽ靠着一个临时拼凑起来的探测器，科考队才得以记录下这里的水温：350 摄氏度。你可以想象一下后来的科学家们在 1997 年从另一处同类热泉中提取出一种古生菌时的震惊之情。这种古生菌在温度高达 113 摄氏度的"温水"中仍能进行新陈代谢，被恰当地命名为 Pyrolobus fumarii（喷孔火叶菌）。这些喷孔中已知的最大者高约 61 米。每一个都是一块新的巨碑，挑战着我们此前关于地球生命起源的观念和对地外生命的想象。

冰封之下

想象欧罗巴的海洋中存在大量异星生物是一回事，然而穿过可能厚达 30 千米的冰盖抵达那里，无论怎样往容易了说，也完全是另一回事。不过，地球上也有一些环境可以让我们了解到达成这一目标的可能方法。

你有没有过乘坐一架配备雷达的大力神 C–130 飞机飞越广袤南极的经历？没有？我也没有。与许多搜集科学数据的例子一样，在我的想象里，这样的航程中我们不时会邂逅非凡的美景，但在更长的时间里面对的则是没有尽头的枯燥乏味。20 世纪 70 年代中期就有过一次这种英雄主义的数据搜集工作：数百架科考飞机在南极上空来回飞行了大约 40 万千米。每一次航程中，机

翼下的雷达阵列都会向下方发送频率为 60 兆赫的无线电波束。[vi]
得到的结果形成了一份漂亮的南极大陆三维地图。雷达发送的无线电波束穿入冰盖深处，揭示出了它的内部结构。

在无线电波面前，低温的冰几乎是透明的，冰层之间的交界地带除外。一小部分无线电波从这些界面上被反射回表面，如果对信号进行仔细计时，就能得到每个界面的深度。冰盖中的远古叠层看起来是波浪形的，类似树干中的扭曲年轮。大陆的基岩则构成一个模糊不清的起伏层。在冰盖的底部有一些大型的淡水水体，那是冰下湖。这些湖泊的无线电波回音相当强，类似镜面反射。

这些湖泊的存在并不出人意料：上方厚达几千米的冰层可以形成难以想象的巨大压力，这会令水保持液态所需的温度降低。当水的熔点在压力影响下降低到冰盖深层的温度之下时，液态水就可以形成了。如果当地基岩的结构恰好形成一个低槽或空洞，就能造成水的聚集，最终形成范围可观的湖泊。这些湖泊到底能有多大？看一看。南极冰盖东部大约 4 千米深处的东方湖（Lake Vostok）就知道了。

东方湖的面积约为 15 000 平方千米，正常深度超过 400 米。南极大陆表面以下深处散布着许多这样的冰下湖，东方湖只是其中之一，虽然它的规模远超其他。从多种意义上来说，这些湖泊就是一个个荒凉的异星世界。它们上方的冰盖层层叠叠，最早的可以上溯到 40 多万年前。不过，这些上覆的冰盖会逐渐滑向海洋，叠层也会更新，因此这些湖泊与世隔绝的历史可能还要长得多，也许长达 250 万年。这对生命意味着一种相当有意思的挑战：这里没有阳光，岩石寸草不生，冰下的水流带来风化矿物质的可能性也非常小。

在许多方面，这种挑战都与欧罗巴上的条件相似：两地都是冰封世界，都拥有支持可能是特有的未知生态系统的潜力。不过，哪怕是在地球上，要钻穿 4 千米厚的冰盖，对冰下水体进行一次高度环境敏感的研究，也不是一件容易的事——毕竟这些水体可能亘古以来就不曾受到外界干扰。[vii] 每一步都必须谨慎，然而时间又十分紧迫。你和你的团队必须在危险的茫茫极地平原上扎营，必须使用热水探测器或抗冻的旋转钻头来向下化开坚冰。宝贵的燃料需要用飞机运送，钻孔重新冻结的速度极快，一旦钻到冰层深处，也许你剩下的燃料最多只能让钻孔保持 48 小时的融化状态。

迄今为止，勤劳的科学家们已经两度完成这一耗神费力的工作。美国的队伍打通的是惠兰斯湖（Lake Whillans）钻孔，而俄国人则打通了东方湖钻孔。他们发现了什么？下面是一个个阴森幽暗的世界，却可能存在丰富的有机物。这些有机物要么漂浮在湖水中，要么沉积在湖底那些从未被扰动的淤泥中。我们与这些幽深湖泊的首次接触发生在 2012 年末和 2013 年初，现在要搞清楚在这些湖中可能发现的任何生命的生物化学细节还为时过早，它们的发现在重要性上也许不亚于我们从深海热泉世界中了解到的东西，我们只是还不清楚会发现些什么，而你当然应该做好准备。

然而，在你让自己关于冰盖深层钻探的遐思从南极飞向欧罗巴之前，我必须用我们目前的无知状况来打击你：我们连欧罗巴上的冰层有多厚都不知道。"伽利略号"并没有携带那种能穿透冰层绘制南极冰下世界地图的雷达，欧罗巴的冰壳可能只有几千米厚，也可能有 30 千米厚。我们对欧罗巴冰层的动力学也一无所知。它是以冰形态的板块构造方式实现循环的吗？我们在冰盖上观测到的裂缝是不是断层的标志？液态水是否可以通过这些裂缝抵达表面？在更接近表面的冰盖内部，会不会蓄积着液态水？

欧罗巴似乎展现出了令人激动的生命存在的可能性，但它仍有太多不为我们所知。要回答上面的问题，我们必须派出新的探测器重返欧罗巴，这个探测器上必须配备着能解答这些问题的新设备。

至少有一个太空计划已经确定获得了在 2030 年左右重返欧罗巴的门票。欧洲航天局选择了 JUICE（Jupiter Icy Moon Explorer，木星冰卫星探测器）作为其下一次大型太阳系探索项目，更重要的是为它提供了资金支持。这个计划报价为 9 亿欧元，已经进入了深入策划阶段。它会不会是一个正确选择？能否让我们揭开欧罗巴冰壳的秘密，在太阳系中发现新的生命？我想，大概不会这样简单。坦白地说，太空科学家们在寻求新发现时都有着合理的慎重。JUICE将会花费时间取得木星各卫星表面的细节图像，并用其穿冰雷达对这些卫星的冰壳内部进行检视。JUICE任务的主要目标是盖尼米德，而不是欧罗巴——它只会在接近盖尼米德的阶段对欧罗巴进行两次飞掠。这一侧重有一个现实原因：进入盖尼米德轨道比进入欧罗巴轨道需要的航天器推进剂更少。推进剂的多少决定着升空质量的大小，而升空质量又决定着需要花多少钱。因此，这样的限制难以突破。

那么，还有谁打算重返欧罗巴，返回这个已知拥有温暖液态水海洋的冰封卫星吗？ NASA正在考虑"欧罗巴快艇"（Europa Clipper）计划。这将是一次以木星–欧罗巴系统为目标的多次飞掠任务，最多可以与欧罗巴相遇32次。与JUICE一样，"欧罗巴快艇"将携带高分辨率相机和穿冰雷达，以同时绘制欧罗巴冰壳表面和内部的地图。为什么不派出一个欧罗巴轨道器，让它带上一个简单的登陆器，对欧罗巴表面冰层的成分进行检验，以确定那种呈粉红–橙黄–棕褐色的东西到底是什么呢？答案是：到处都紧缺一种哗哗响的绿纸片——钱。NASA正在酝酿（又一辆）火星漫游车计划，因此能分给新项目的资金实在有限。一个简版"欧罗巴快艇"计划的预算规模也会接近20亿美元。如果你想要一个欧罗巴轨道器外加一个简单的登陆器，开销恐怕还要翻倍。你、各国航天机构以及你在科学界的支持者们需要决定的是：我们正在讨论的欧罗巴是否有足够高的优先级让我们搁置其他想法和问题？

"伽利略号"的壮烈死亡

持有异端天文观点的伽利略·伽利莱逃脱了死在火刑柱上的命运，因他而得名的太空探测器却没有这样幸运。2003 年，在对木星系统内圈卫星完成了时至今日仍具有决定意义的观测之后，"伽利略号"太空探测器在人为操纵下，以 174 000 千米的骇人时速飞入木星大气层。尽管过程不为我们所见，但"伽利略号"却在燃烧中开始它的最后下降，一去不返，重复了它的下降探测器在 8 年前的宿命。

为何"伽利略号"会被这样故意毁灭？因为人类可能对太阳系行星和卫星造成污染，也因为我们要尽力保护这些星球上可能存在的生命栖息地的原始状态。"伽利略号"在离开地球时没有经过消毒，因此在前往太阳系外缘的旅程中还捎上了一舱乘客——地球细菌。我们已经发现欧罗巴拥有一个巨大的卫星海洋，而燃料耗尽的"伽利略号"有可能坠落在欧罗巴表面。容许这样的情况发生将是一个巨大的错误："伽利略号"可能让一群虽然吓破了胆却仍有生命力的细菌旅客降落在欧罗巴这个新世界上。

许多细菌也许会因无法适应严苛的新环境（尽管这个环境不会比它们刚刚离开的那个"烤箱"①更严苛）而在抵达之初死

---

① 指在坠落过程中与大气摩擦而发生燃烧的"伽利略号"。

去，但只要有任何存活者进入欧罗巴的海洋，它们就会在脆弱的原始环境中自由飘荡。这样一来，在我们能在欧罗巴上展开对生命的专注搜索之前，它的生物圈状态就已经被永远改变了。总之，尽管出现风险的可能性不高，但我们很清楚后果的严重性，因此日渐老去的"伽利略号"才被送上了不归之路。"伽利略号"的好奇心一直保持到最后：它进行了一次离轨动作，让自己飞掠了另一颗木星卫星阿玛尔忒娅（Amalthea，即木卫五）。在划出一道优雅的告别弧线之前，"伽利略号"对这颗我们知之甚少的卫星的质量进行了精确测量。

上述那些"偷渡"的细菌就是所谓"提前污染"（forward contamination）的一个例子。我们在"伽利略号"任务上的经验也证明了为何这种污染应该被避免：如果我们在地球之外发现的第一种生命竟是来自地球的捣乱搭车客，那该是何等的讽刺。[viii]

也许你会问：既然我们已经向火星派出了那么多探测器，那是否"提前污染"对火星而言不构成那么大的威胁？今天我们派往火星的航天器都会经历相当彻底的发射前清洁程序，目的是让它们在启程前往那颗红色行星之前变得干干净净，最好是一个细菌也没有。然而这样做是否有必要呢？毕竟此前我们已经往火星派去了大量未经消毒的航天器，而且在过去的数十亿年中，很可能有大量携带细菌的地球岩石在陨石撞击中被溅入太空，并成为火星上的不速之客。就火星探索这个特例而言，这种响亮的少数派观点[①]也许有一定的道理。然而，考虑到人类有着在新发现的土地上留下泥泞足迹的悠久历史[ix]，也许我们这一次的过度谨慎是可以理解的。

既然已经对"提前污染"有所了解，我们不需要什么洞察力的飞跃就能发现：对地球的"事后污染"——即将异星生命带进我们的家门——同样会让NASA的行星保护官员伤透脑筋。我们已经4次将经过科学采样的太阳系物质带回地球，包括美国的载人探月和苏联的无人探月返回任务带回的月球样本、"星尘号"探测器带回的怀尔德2号彗星样本，还有"隼鸟号"任务从近地小行星糸川（25143 Itokawa）上带回的样本。

人们使用了不同的方法来保护地球不受这些样本污染："阿波罗"系列任务将岩石样本装进3层密封的容器带离月球；"星尘号"探测器降落在一个美军基地附近，随后在一次秘密行动中被送往约翰逊航天中心，行动的诡秘程度让人想起《仙女座菌株》中的某些片段；"隼鸟号"样本返回舱则被装进了两个充满氮气的塑料袋……从某种意义上来说，这些先例都用错了力气，因为没有人认为它们的采样环境中会有任何生物活动存在。[x]

然而我们应该如何对待下一代样本返回任务呢？它们的目的地是火星和环绕木星与土星的那些卫星。正因为它们即将拜访的地方可能存在活跃的生物活动，我们才会对这些任务充满期

① 少数派观点（vocal minority），相对于沉默的多数派（silent majority），指社会中掌握更多话语权的少数人群。

待。然而，首次从太阳系中另一星球带回潜在生物样本的任务将面对一个不菲的预算门槛：没有人会允许这些样本被带回地球，除非它们能被送往遵循最高生物安全标准的专门样本处理设施。

事实上，考虑到地球细菌已经不断带给我们各种震惊（比如出现在本应无菌的航天器清洁室中），我们其实并不知道应该制定什么样的安全标准。让样本在从航天器到接收设施的途中全程保持密封就够了吗？还是需要更高标准的隔离措施？在任何项目预算列表上，从零开始建设这样一个处理设施的费用都会排在前列：其重要性不容忽视，费用又过于高昂（至少对一个单次任务计划的紧张预算来说是如此，哪怕是一个大型计划）。

解决办法并不难找。就我们对太阳系探索的野心而言，我们可能需要多少座返回样本处理设施？也许一座就够了。样本是搜集自火星还是欧罗巴这样的细节会影响到处理设施的整体设计吗？大概不会。那么，各国航天机构是不是可以坐下来，商讨合作建设一座这样的设施呢？我想你已经知道我的答案会是什么了。

你大概已经意识到：在地球上有了一座安全的返回样本处理设施之后，你还需要一种万无一失的方法来将样本送到设施的大门口（也就是说从近地轨道重返大气层，然后实现可控着陆）。我们在将人类从地球表面送往近地轨道再接回来时会非常谨慎，有严格的规范。那么，在将安全封装的样本送回地球时，我们是否应该采取载人航天的标准？我们可以接受什么样的风险水平？这种考虑同样要求各个航天机构在想法上和资金上都携起手来，考察能否以合作的方式在地球上为下一代样本返回任务提供其亟须的基础设施。

恩克拉多斯的奇迹

也许到现在为止，我在这一章中为你描述的前景太过灰暗。欧罗巴完全有成为地球之外生命栖息地的潜力，它拥有大量的液态水，以潮汐能作为能量来源，还和太阳系中其他任何地方一样富含有机物。但是我却让你燃起的希望破灭，详细讲述了真正抵达欧罗巴需要面对的种种挑战：如何穿透冰层，如何发现其中的异星生态系统，更不用说那个永远需要克服的障碍——预算。因此，现在我希望让你乐观起来。我会通过讲述恩克拉多斯来做到这一点。

恩克拉多斯是一颗小巧的卫星，尺寸只有欧罗巴的 1/6，质量更是只有欧罗巴的 1/400。它的表面完全为水冰覆盖——和欧罗巴这个比它块头更大的木卫表亲一样。恩克拉多斯的公转轨道距土星较近，大约是土星主星环（每个狂热的观星者都熟悉它）外缘到土星距离的两倍。我在这一节的标题中提到的"奇迹"（如果你乐意，也可以用"极度意外"这个说法）就是：如此小巧的一颗卫星居然如此活跃。

2005 年，正在检视"卡西尼号"传回的最新图像的天文学家们惊奇地发现：恩克拉多斯南极附近的一个局部区域出现了间歇泉式的物质喷射。在其勇敢的飞掠中，"卡西尼号"甚至穿过了这些羽状的间歇烟柱，用机载的质谱仪对喷出物质进行了采样分析。这些间歇喷射物中有含盐的水冰，有水蒸气，有我们熟悉的氯化钠，还有各种性质不明的、可能属于有机化合物的物质。那么，这颗娇小的冰封卫星是否会像欧罗巴一样，可能是一个拥有地下海洋的水世界呢？答案似乎是肯定的。恩克拉多斯的封冻表面上既有古老的、布满陨石坑的区域，也有年代较晚的光洁地形，它环绕土星运行时受到的潮汐加热作用在程度上也与欧罗巴上的类似。此外，"卡西尼号"在飞掠恩克拉多斯时会发生微小的轨迹变化。如果恩克拉多斯南极冰盖之下存在一个10千米深的局部海洋，正好可以解释这种变化。

"卡西尼号"探测器最初的任务周期在2008年结束，但它在延期服役期间运转良好，这让我们得以对恩克拉多斯的间歇泉区域进行极为详细的研究。2014年，这些专注观测的结果确认了101处独立间歇泉的存在。恩克拉多斯南极附近有一系列被称为"虎纹"的断层，而每个间歇泉都坐落在这些断层的一个局部热点上。恩克拉多斯每31小时环绕土星一圈，在潮汐力的挤压下发生形变。这些断层似乎就来自形变造成的冰盖破裂。"虎纹"地带的热源本身就是一个有力的线索：它似乎不是来自散逸的潮汐热，而是从这颗卫星内部涌出的部分液态水在表面裂口处冻结时所释放的热量。其余部分则以水蒸气和冰晶的形态喷出地表（每秒钟的物质流量可达约200千克），并对土星环中稀薄而巨大的E环进行补充。

那么，现在你已经知道了恩克拉多斯的全貌：一颗拥有地下液态水海洋的冰封卫星，富含盐和有机物。幸运的是，恩克拉多斯有着难得的慷慨，它温柔地将这些物质喷入太空，让任何路过的天体生物学家进行采样并将采样送回地球。在地球上，这颗冰封卫星隐秘的内部世界可以在精细的实验过程中被揭示出来。可以确定的是，这不仅是美好的幻想，这些间歇喷泉为我们提供了在恩克拉多斯地下海洋中进行模拟畅游的机会，而这种机会既真实，又宝贵得不容错过。

线索：羽状烟柱

航向土星，与恩克拉多斯相遇，从间歇泉的丝缕烟柱中捕获分子，将它们安全送回地球——我们要如何做到这一切？这种想法是否太过雄心勃勃？是否不太现实？没错，这的确是一个大胆的计划。不过应该会让你感到鼓舞的是，我们已经成功完成过这一未来的恩克拉多斯任务中的每一环：太阳系内圈的多重行星引力助推可以增加航天器的飞行速度，减少前往外缘行星需要的时间，并已经让"伽利略号"和"卡西尼号"分别轻松地航向木星和土星。

航天器抵达恩克拉多斯之后，就可以用气凝胶（人们专门为"星尘号"和"隼鸟号"设计生产的低密度固体，其间大部分都是空洞）来搜集间歇泉喷出的冰粒和气体。尽管这些间歇泉看上去颇有视觉冲击力，但其喷出的微粒流却稀薄得惊人：一般说来，在恩克拉多斯表面上方 80 千米左右，每立方米中只有一个显微镜下可见的微粒。要搜集到足够的间歇泉微粒，需要进行多次飞掠任务，在恩克拉多斯南极地区的多个地点进行采集。

尽管"星尘号"和"隼鸟号"都成功地将样本送回了地球，但从土星返回时航天器会拥有更高的速度，迄今为止还没有一个航天器成功从土星带回过样本，更不用说带回这样一种可能极具争议性并具有生物活性的样本了。"星尘号"的返地速度仅为 6 千米/秒，"隼鸟号"的速度也不过 12 千米/秒。然而一次恩克拉多斯任务的返回速度将达到 16~18 千米/秒。由于动能与速度的平方成正比，恩克拉多斯航天器要安全重返地球，需要燃烧掉的动能将是"星尘号"或"隼鸟号"的 2 到 9 倍。

整体计划被称为"低成本恩克拉多斯样本返回任务"。[xi] 发射将在 2021 年进行，随后探测器会沿着"伽利略号"30 年前开拓的 VEEGA 引力助推轨迹，于 8 年后抵达土星。它会在土星附近区域花上 2 年时间，精确调整自己的轨道，完成多次缓和的俯冲，以穿过间歇泉喷出的烟柱。返程则相当于沿着引力的斜坡向太阳下滑，需要 4 年半时间。最终，这个携带着宝贵样本的探测器将于 2037 年抵达地球。

我们能实现这个计划吗？当然能！不过，请稍等一下，这个引人遐想的计划会花掉多少钱呢？目前，"低成本恩克拉多斯样本返回任务"被列为NASA的"发现"级任务①，这意味着5亿美元左右的预算。但这笔钱无法覆盖我们购物单上的所有目标：NASA必须再给我们添上一艘运载火箭，以及能在深空运转超过17年的电源——这个目标的实现将会漫长而艰难。

最后，别忘了在样本返回时将遭遇的挑战。这包括将样本从近地轨道送回地球，以及在地球上对之进行处理。关于间歇泉喷出的微粒以何种速度撞击气凝胶才能起到对样本进行预消毒的效果，恩克拉多斯计划的策划者已经进行了研究。撞击能量的大小将会被调校为刚好可以打碎较大的、具有生物活性的混合物，同时保留它们的化学成分以供在地球上进行研究。这无疑会降低在样本返回中引入严格规程的需求，但是从许多意义上来说，这样做都有些不得要领：如果不止一个航天机构都对在太阳系中展开生物学探索有兴趣（显然他们确实如此），那么在某个阶段他们就会共同出资创建一座返回样本的处理设施。我们只能期待一次恩克拉多斯样本返回任务能刺激他们，使他们做出这个重大而又必要的决定。

我必须承认：这一切听起来都很诱人，看起来也完全可行。那么一次恩克拉多斯样本返回任务是否会成为我的最优先目标呢？我只能说它的确位于前列（尽管关于恩克拉多斯我还有足够多的东西要说，但不是马上）。无论我们最后的选择如何，我

---

① NASA在其《2006年太阳系探索路线图》中，按任务规模、技术复杂程度及任务成本和周期，规划了三类深空探测任务：小型的"发现"级（Discovery）、中型的"新边疆"级任务（New Frontier）和大型的"旗舰"级（Flagship）任务。

希望下一次你凝视木星和土星的时候（无论是用肉眼还是用望远镜），你能因了解它们的卫星上存在温暖的咸水海洋而得到更多安慰。从大的方面来说，这些海洋与构成我们细胞主体、被我们对自身起源的化学记忆保留在体内的温暖咸水并无多大不同。木星与土星的那些冰封卫星是否有它们自身的生物学故事？这仍有待我们回答。然而，仅仅是这些卫星及其海洋的发现，就已经揭示了一个惊人的现实：地球之外的太阳系空间中存在着众多生命栖息地，其数量超过我们最大胆的想象。

注释

i 它们已从"先驱者号"的经历中了解到木星危险的辐射环境，因此有更好的设计。

ii 这意味着如果你是探测器上的乘客，此时的体重会相当于你在地球表面时的 230 倍。

iii 不过这个磁强计也并非完全得到屏蔽。"伽利略号"自身产生的少量背景磁场仍可能让微弱的信号被掩盖，但设计者们让磁强计悬臂围绕航天器主体结构旋转，巧妙地消除了这一影响：这种办法向被测到的磁场引入了清晰的时间和方向数据，从而使它可以被轻易识别并从数据中去除。

iv 卡里斯托尚未进入与各内圈卫星谐振的状态。然而，内圈卫星的轨道会逐渐扩大，开始影响它们位于最外缘的姊妹，因此卡里斯托会在将来也进入潮汐谐振。

v   "阿尔文号"深潜器的观测窗是用同样的塑料制成的，却幸运地没有同样熔化。

vi   或者说波长为 5 米的无线电波束——如果你更习惯这样的说法。

vii   我所说的"环境敏感"是指什么呢？如果你在向下钻探并取得样本的过程中将地表细菌引入了你打算勘查的环境，那么这次对冰川下原始湖泊的整个探索努力都算是白费了。这不仅是一个环境保护问题，也会影响你的核心科学结论：如果你在湖水中发现了某种新细菌，你如何能确定它不是被你带进湖中的呢？这就是我将在后文提到的所谓"提前污染"的例子。人类应该如何保护那些我们正在探索的外星环境本身的纯洁性？在 2013 年对惠兰斯湖进行钻探的美国南极考察队利用一种热水钻机做到了这一点：它使用细菌过滤器和紫外线放射消毒来消除钻探可能对湖水造成的提前污染。他们的取样设备也以类似的高标准进行消毒。东方湖的考察队则使用了更为传统的、用煤油和氟利昂润滑的钻机。在其他国际考察队看来，这样做有相当大的提前污染风险。关于此事的争论至今尚未完全平息。

viii   这句话的意思可不是要贬低搭车客——我自己就是一名搭车客。此处的攻击对象是那些在空间探测器上搭便车的捣蛋分子。

ix   这些发现者带去的可不光是旗帜，还有天花之类的东西。

x 不过我们仍然可以认为任何针对样本返回任务的地球保护措施都是不必要的，因为每天都有无数吨来自太阳系的物质以尘埃和微陨石的形式坠落在地球上。当然，尽管不排除意外的可能，但我们仍有理由相信这些物质本质上都是非生物性的。

xi 也许你会说这个名字太过缺乏想象力。不过它就像20世纪90年代一种常见的英国产地板密封胶的广告词所说的那样："所见即所得。"

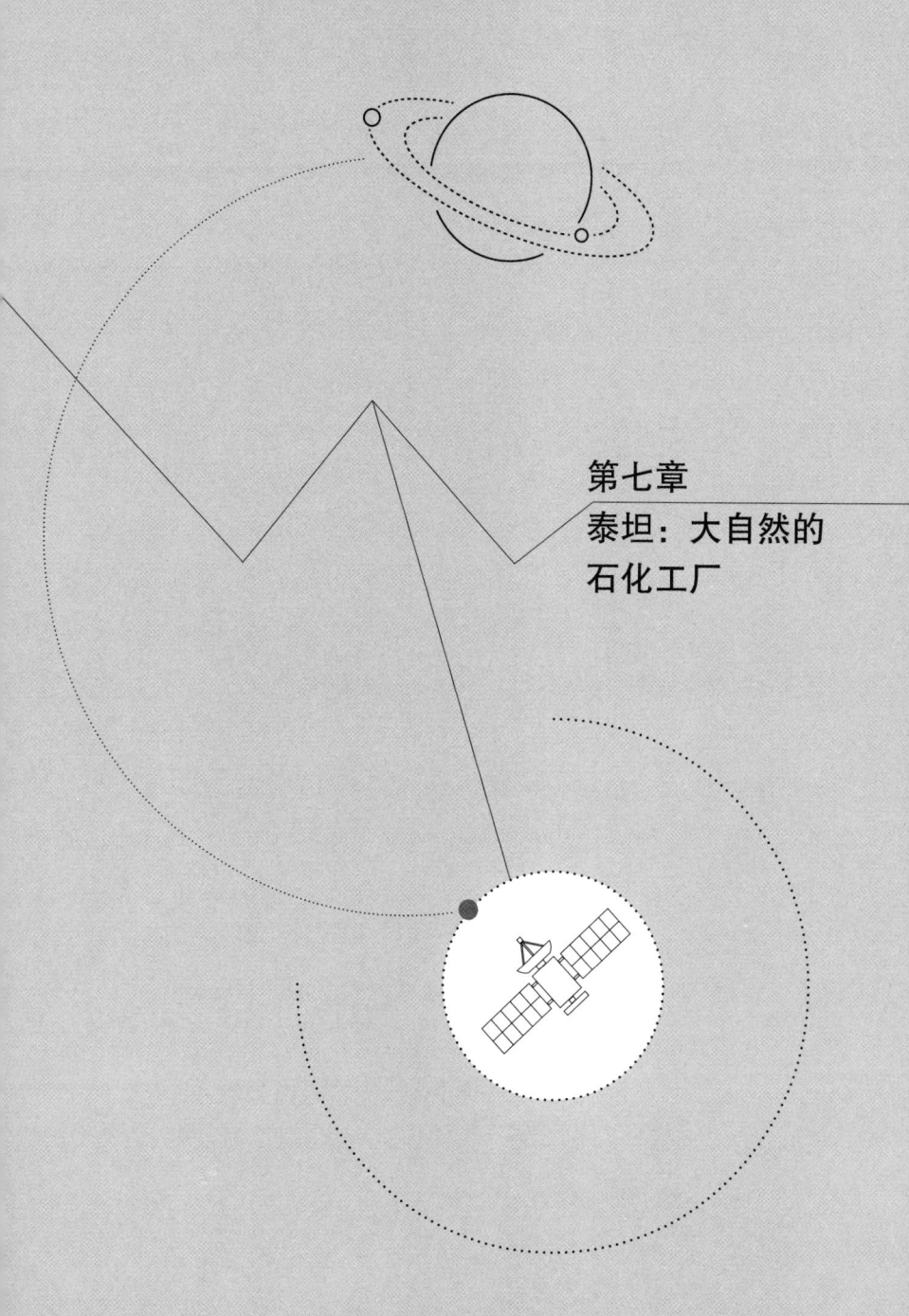

第七章
泰坦：大自然的
石化工厂

在我们这个寻找外星生命的故事中，为何泰坦能够独占一章的篇幅？回想一下吧。到了本书的这个阶段，你可能已经在疑惑（并非毫无理由）：为何我们的故事仍囿于这个太阳系中？何时才能谈到新的星系、新的行星，以及新的生命？这本书会不会跟其他打着"宇宙生命"旗号的书一样，只会就太阳系喋喋不休，一点不提那些让你感兴趣的精彩内容？放心，这本书当然不会是这样。不过，我还是要感谢你陪我坚持到现在的耐心。

　　那么，为什么这一章是关于泰坦呢？它为何能在我的探索心愿列表上排在前五位？最简单的回答是：泰坦符合我们所有关于潜在生命栖息地的判断标准，只有一点关键不同。它是一颗拥有行星块头的卫星，也是我们在土星周围发现的第一颗卫星。它比水星还大，比盖尼米德稍小一点。它的大气层比地球的更浓密，却不像金星大气层那样炎热和有毒。如果我们仅仅认为泰坦富含有机物，那将是本书中最为保守的陈述：泰坦是太阳系专属的石化工厂，生产着难以计数的大量复杂有机物。它甚至拥有稳定的液态水域——湖泊和河流，而且这些水域并非被掩藏在无法穿透的冰盖之下，而是在泰坦表面享受阳光的照射。

那么，问题出在哪里呢？泰坦是一个寒冷的世界——不是一般的寒冷，而是 90K，也就是零下 180 摄氏度左右。这个温度对液态水来说太低了，不过刚好适合液态甲烷和乙烷的存在，倒是正好符合"外星金发姑娘"[①]这个好传统。这正是它关键的不同点。地球生命赖以存在的一切水基化学过程都完全不适用于泰坦上的有机溶剂海洋。然而生命出现的一切要素这里都具备：液体、能量、有机物。即使生命能在这种陌生的环境中存在，也会与地球生命截然不同，那将是化学意义上的外星生命。这就是泰坦令人不容忽视的原因，也是我希望向你介绍泰坦的原因。

隐晦的字谜

1655 年，也就是伽利略发现木星内圈卫星大约 45 年之后，克里斯蒂安·惠更斯[②]发现了泰坦。惠更斯使用的仍是伽利略开

---

① 参见第四章"金发姑娘与三颗行星"一节。

② 克里斯蒂安·惠更斯（Christiaan Huygens，1629—1695），荷兰物理学家、天文学家和数学家，他是土卫六（泰坦）、土星环和猎户座大星云的发现者。

创的方法：用望远镜对围绕行星（这一次是土星）公转的卫星进行反复跟踪观测。从这种观测中他估算出这颗卫星的公转周期为 16 天零 4 小时（仅比现代测定的数值长了 6 小时）。克里斯蒂安·惠更斯和他的哥哥康斯坦丁（Constantijn Huygens）都是出色的磨镜师。他们长达 10 英尺（约 3.05 米）的望远镜能提供令人惊叹的 50 倍放大倍率，是伽利略用于观测木星的望远镜的 5 倍。

惠更斯公开了自己的发现，不过是以 17 世纪科学界的一种有趣而古怪的方式。1655 年夏，他将一条乱序字谜①发给他的同事和同行。字谜的内容是 "Admovere oculis distantia sidera nostris vvvvvvv ccc rr h n b q x"。[i] 到了第二年，也许是由于对自己的发现更加确信，惠更斯出版了一本小册子，解释说那条字谜是对 "Saturno luna sua circunducitur diebus sexdecim horis quatuor" 的编码。正如受过良好古典教育的读者所知，这句话的意思是"土星的卫星每 16 天零 4 小时公转一圈"。遗憾的是，科学家不再向同行们发送字谜以保障自己在新发现中的优先权了。如今的论文作者使用科学预印服务器（scientific preprint servers）来展示已经提交但尚未刊出的研究成果。人们一致认为：预印服务器是字谜的现代替代品，有效却毫无趣味可言。

----

① 乱序字谜（Anagram），即易位构词游戏。玩法是将组成一个词或句子的字母重新排列，构造出另一些新的词或句子。惠更斯的这条字谜除了改变原文字母顺序之外，还加上了一些随机字母。

泰坦的朦胧阴影

在"旅行者1号"于1979年11月12日飞掠泰坦之前，泰坦对人类而言基本上只是一颗云雾笼罩、表面特征不可分辨的橙黄色卫星。即使在"旅行者1号"离开之后，泰坦仍然还是一颗云雾笼罩、表面特征不可分辨的橙黄色卫星。不过，"旅行者"仍向我们揭示了关于浓密浑浊的泰坦大气层的大量信息。

泰坦的大气层几乎全部由氮气（N_2）形态的氮元素构成——氮元素占整个泰坦大气层总质量的95%，剩余5%则基本都是甲烷。真正让我们大感兴趣的，是泰坦的痕量化学[①]特征：其中有分子态的氢，还有种类丰富的碳水化合物——既有可以根据清晰的发射谱线识别的最简单类型，也有某种无法辨识的大型有机分子团（其光谱特征复杂到难以分析）。

"旅行者"的观测显示：关于泰坦大气层，烟雾腾腾是比多云更恰当的描述。其高空区域的雾层与地球上靠近地面的霾颇为相似。这种霾大部分都是被卡尔·萨根和比逊·卡雷（Bishun Khare）称为"托林"[ii]的微粒，每个托林都由轻到可以悬浮在大气层高处的固态有机分子构成。

泰坦大气层最令人惊异的一点是其体量的巨大。总体而言，它的质量比地球大气层大20%左右。然而泰坦的表面重力只相当

---

① 痕量化学（Trace chemistry），指研究痕量元素及其化合物的化学。"痕量元素"在分析化学中指某一元素在每克样本中的含量少于100微克。

于地球水平的约 14%，因此这个大气层更为稀薄和扩散。由于大气质量与表面重力的共同作用，泰坦表面的大气压力约为地球表面大气压的 1.5 倍。没错，你不必身穿宇航服就能在泰坦表面行走，不过你仍然需要穿得足够暖和，还得戴上一个氧气面罩！

敏锐的读者此时大概会问：在高能带电太阳粒子构成的狂风吹拂下，泰坦何以能保持它的大气层？这是一个好问题。泰坦自身没有磁场，但其公转轨道的大部分都位于其母星土星的磁场之中，因此得以免于太阳风的销蚀。另一种可能性是：由于泰坦的低温火山活动（cryo-volcanism）会向其表面喷吐甲烷和其他气体，泰坦大气层得以持续得到补充。

泰坦大气层中的化学过程令人着迷，又在很大程度上不为人所知。为这种化学过程提供能量的是什么？答案是太阳。泰坦是一个活跃的光化学世界。尽管就单位面积而论，泰坦大气层顶部接收到的光子比地球要少，但一般来说每个光子的能量并无不同。[iii]因此，来自太阳的光子在轰击泰坦大气层顶部时，有足够的能量拆开甲烷分子（即所谓光离解）。这些甲烷分子的碎片与氮、氢以及大气中的其他成分重新组合，形成一道有机化学的洪流。

奇妙新世界

直到"卡西尼号"于 2004 年抵达泰坦，并向泰坦表面派出"惠更斯号"着陆器，我们才真正意识到我们面对的是一个多么奇异和令人神往的世界。

"惠更斯号"探测器是一个小型的静态着陆器，于2005年1月14日降落在泰坦表面。在下降过程中，"惠更斯号"利用其独一无二的视角，对此前不为我们所见的泰坦表面进行了拍摄。它看到了由坚硬水冰形成的、低矮苍白的山丘。山丘上纵横交错着无数类似河流的灰暗沟渠。与其说"惠更斯号""着陆"，倒不如说它"陷落"在泰坦表面更恰当。[iv]着陆后，"惠更斯号"拍摄了许多不可思议的泰坦表面照片：这是一个由暗色的有机物泥浆构成的平原，上面点缀着大大小小的水冰碎块。尽管"惠更斯号"的电池在泰坦表面的极度低温中只坚持了19分钟，但它已经成为太阳系科学研究中的一次突破：这是我们第一次穿越小行星带并在太阳系外缘的某颗行星或卫星上着陆。

在过去十年中，"卡西尼号"探测器对泰坦进行了超过100次飞掠。尽管泰坦大气中的烟雾层能阻断大部分光学或红外辐射，但它对无线电波来说基本仍是透明的。"卡西尼号"的雷达设备利用这一点，向我们展示了泰坦表面的清晰图像。就像割草机在草坪上割出条纹一样，"卡西尼号"的每一次飞掠都只能让它拍摄到泰坦表面地形的一块窄条，但尽管有这样的局限，它仍然成功拍摄了泰坦表面约50%的区域。这些雷达图像显示：泰坦表面有大片连续区域呈现出近乎镜面的平坦。与我们在南极冰盖的雷达图像中看到的类似，这是液体存在的标志。不过这一次不会是水：根据泰坦大气层的温度和成分分析，这些液体更可能是甲烷和乙烷。

除此之外，雷达数据还让我们第一次得以窥见这些湖泊的内部：雷达信号在穿透液体层时发生了细微的衰减，显示泰坦的湖泊在特征上与地球上的有着相当大的差异（这种技术被称为雷达测深），只能算得上浅湿地，平均深度只有几十厘米到几米。另一些，比如丽姬亚海①，则庞大得堪比北美洲的五大湖，深度可达 170 米。˅最终，这些湖泊在 2009 年以一种壮丽的方式展现在"卡西尼号"的可见光和红外扫描分光仪面前：这台仪器捕捉到了阳光从湖泊表面反射出来时发出的闪光。这些令人叹为观止的反射与地球上的湖泊和海洋受到阳光照射时发出的光芒完全一样，成为泰坦表面存在大规模液态区域的确凿证据。

在湖泊这一令人吃惊的发现之后，新的雷达图像又显示出由甲烷和乙烷形成的河流，还有大片的荒漠——上面似乎布满了高耸的有机物沙丘。河流或者说排水沟渠的存在与我们对泰坦大气层温度和气压的分析是一致的：这种分析推测甲烷会从湖泊中蒸发，进入潮湿的低层大气，最终变成雨水降落在泰坦表面。换言之，泰坦拥有完整的大气甲烷循环，与地球上的水循环相映成趣。

看起来，泰坦是一个与众不同的世界。但随着对它的思考益发深入，科学家们越来越意识到：如果说太阳系中有其他任何世界与泰坦相似，那么在化学构成和物理过程方面，最接近它的

---

① 丽姬亚海（Ligeia Mare），其名取自希腊神话里塞壬女妖中的一位。丽姬亚海的表面积约为 10 万平方千米。

似乎正是地球。当然，我不是说今天的地球。与泰坦类似的，其实是生命出现之前的早期地球，也就是米勒–尤里实验所代表的世界。在那个世界上，大气层中没有氧气，而复杂的有机化合物非常容易合成。如果你从这个论断出发，直到得出它的结论，你会发现这相当富有争议性。尽管我们关于地球生命起源的知识并不完备，但目前我们确信生命是从地球早期的活跃化学环境中自然出现的。那么，今天的泰坦是否正反映了远古地球上的化学条件？如果是的话，泰坦会不会是最可能拥有生命的世界之一？对一些人来说，这种想法太容易引起争论。许多人以泰坦的低温（相对于地球而言）和缺少液态水（这是地球生命之源）作为论据，认为这对泰坦上出现生物化学反应构成根本障碍。

然而，这些差异以及随之而来的对基于地球的生物化学观念的挑战，正是泰坦如此迷人的原因。泰坦迫使我们改变思维方式，质疑此前被当成真理来接受的观念。如果我们从泰坦的角度出发回顾地球生命，就不得不面对自己的种种先入之见，而这无疑是有意义的。

泰坦殊异

2000 年，彼得·沃德（Peter Ward）和唐纳德·布朗利（Donald Brownlee）出版了一本具有突破性的著作，书名为《地球殊异》（*Rare Earth*）。他们在书中对天体生物学的许多核心观念进行了考察，但也没有忘记复杂生命在地球上兴起的曲折过程中出现的古怪之事、"微调"现象[1]，以及种种巧合。他们的主要结论是：就算有行星与地球高度相似并拥有与你我高度相似的生命，这种行星也是相当稀少的。他们还有一个次要的结论：可能存在着众多拥有多种初等生命的世界，而地球只是其中之一。然而这些结论却会被许多读者误解为一句话："地球独一无二，生命不可多得。"

克里斯·麦凯（Chris McKay）是NASA埃姆斯研究中心[2]的一名天文学家。他提出了"泰坦殊异"的假设，对此类误解进行了嘲讽。麦凯虚构了一名对地球上是否存在生命展开思索的泰坦天体生物学家，这位假想的泰坦天体生物学家会发现：对泰坦生命赖以存在的所有生物化学过程而言，那个蓝绿色、拥有大量液态水海洋、大气层中富含氧气的奇怪异星世界完全是有毒的。更可怕的是，地球的表面温度太高，会导致泰坦生命的基本分子发生破裂和分解。因此，对泰坦人的下一个天体生物学探测计划来说，地球不会是一个太好的目标。[vi] 麦凯的戏谑式想象的主旨在于：如果我们打算以开放的思维寻找那些也许只是微小的异星生

---

[1] "微调"现象（Fine-tuning），在理论物理学中指某个模型的参数必须经过精密校准才能符合观察结果。一个例子是"微调的宇宙"论，认为宇宙的许多常数和法则只要稍稍改变，目前的宇宙结构、星体和生命就不可能出现。

[2] 埃姆斯研究中心（Ames Research Center），NASA下属的研究机构，位于加利福尼亚州的硅谷。

命并最终将它们识别出来，就必须放下关于水和适宜的温度对生命而言必不可少这一执念。

水：生命的灌肠剂

那么，为了让自己准备好前往泰坦的天体生物学之旅，我们应该如何放下自己的先入之见呢？就从水开始吧。

无数生物学家都会迫不及待地告诉你水对地球生命是多么重要。然而关键的问题是：水是唯一的生命之液吗？抑或仅仅是许多种有资格成为生物化学介质的候选液体之一？目前我们并不能确定，这主要是因为哪怕就地球生命而言，我们的理解也不完备，更不用说普遍意义上的生命了。我得承认，许多天体生物学家都意识到了这一点，因此他们往往会在"以水为本！"这句口号后面加上一个限制条件：水是地球生命（我们目前所知的唯一生命）赖以生存的液体。不过我打算在这一章中对这种观点提出反驳。我会告诉你：水在某些意义上会成为生命的障碍，而生命要么是适应了这种障碍，要么是勉强克服了它，然后继续自己的生存之路。

水是一种典型的极性液体。不过，此处"极性"二字是一个化学概念而非地理概念。[1]当你将氢原子与一个拥有强电子吸

---

① 英文中用于表达化学意义上的"极性"与地理意义上的"两极的"是同一个词——polar。

引能力的原子（比如氧）共置于一个分子之中，尽管所有的原子都共享它们的电子（并因此形成共价键），但其中一些共享到的分量更多，比如氧原子。这样的结果就是整个分子出现了微量的电荷不平衡，即电偶极矩[①]。

当这种相反的极性电荷相互吸引时，就会形成弱氢键。氢键可以在两个极性分子之间形成，甚至也可以在一个极性分子之内形成。这种键能帮助其他极性分子（比如盐类、蛋白质，乃至DNA）溶解于水，并因此获得运动和与其他水溶化学物质发生反应的自由。就这个意义而言，我们可以说水对生命有"好处"，因为地球生命的化学过程要用到的盐类和蛋白质的种类多得让人头晕。

然而，水与生命之间的联系也有糟糕的另一面。极性分子能通过所谓水解反应打破弱共价键，因此很不幸，构成我们DNA的核酸碱基（C、A、G和T）在水中容易分解。其结果就是：DNA时常需要修复来保持其基因编码的完整性。此外，水的极性还阻碍蛋白质折叠要用到的氢键的形成，而一种蛋白质分子自身的构成方式或折叠方式对其生物化学性质起决定性的作用。不过，水的这些作用并不是生命大道上的路障，更恰当的比喻是一些急转弯——需要我们付出额外的化学代价才能顺利通过。

---

① 电偶极矩（Electric dipole moment），指一个电荷系统中正电荷分布与负电荷分布的分离状况，即其整体极性。此处原文作"electric dipole"，意为"电偶极"，并不准确。

一些科学家不认为泰坦上有存在生命的可能，因为泰坦上的液体介质很可能是甲烷和乙烷的混合物，而这两种物质的分子都不是极性分子。在地球生命中起到作用的许多极性盐类、蛋白质和有机化合物都无法溶于甲烷和乙烷。相反，它们会从这样的液体中析出，并在池塘底部沉积成泥。但是，还有同样多的非极性有机化合物可以溶于甲烷和乙烷之类的液体。只要问一问那些物理有机化学家他们在实验室中用得最多的液体是什么，你就会明白了。大多数时候，他们的答案都不是水。能良好溶解于液态甲烷和乙烷的化学物质在利用弱氢键时也会有更大的自由度，而这种键可能恰好非常适合低温环境。

那么，非极性有机化学这个替代选项能在外星生命的存在中发挥作用吗？答案显然是肯定的。更重要的问题是它如何起作用，即我们应当留意的关键生物分子是哪些。要回答这个问题，我们需要前往泰坦，从那里的"寒冷小池塘"（达尔文所说的远古地球上的"温暖小池塘"的泰坦版本）中取上满满几烧瓶液体，对之进行分析。然而，我们应该明白，达成这个目标要花上许多钱，实际上会多达数十亿美元，同时还要用数十年的时间。与此同时，我们在地球上能对泰坦的哪些方面进行梳理，以对我们可能要面对的化学环境（甚至可能是生物化学环境）获得一点提前的理解呢？

泰坦上的"金发姑娘"

泰坦是否"刚好适合"生命的存在？要回答这个问题，一种办法是引入我们在理解地球生命起源时使用的概念，并将之用于泰坦，而在理解早期地球的化学概貌时，米勒–尤里实验可能是最有效的实验室方法。

泰坦令天体生物学家着迷，原因之一是目前泰坦的大气在构成上与我们认为存在于早期无生命地球的大气没有太大的差异。氢的存在（氢原子容易分享自己的电子）以及氧的相对缺少（氧原子容易吸引电子）是其中的两个要素。在泰坦和早期地球的大气层中，氢能为新型有机物的合成提供电子，是重要的反应促进剂。氧则是重要的反应剂——它总是倾向于与新的元素和分子绑定，以满足自己对电子的独特胃口。[vii]

那么，我们应该如何在实验室中对泰坦进行模拟呢？要得到与泰坦大气相同的化学配比并不太难，只要有95%的氮气、少量甲烷，再加上一丁点儿一氧化碳就行了。但是，驱动化学反应的能量从何而来？在浓厚的大气雾霾笼罩之下，泰坦表面一片阴暗，没有电离辐射。此外我们也没有找到泰坦上存在闪电的证据，因此还缺少为化学反应提供能量的火花。然而，泰坦大气层的上层（雾霾的上方）却是光化学反应的沃土。我们知道这一点，是因为我们通过"旅行者"任务和"卡西尼"任务观测到了因太阳光子对甲烷的光离解作用而产生的多种化学副产品（至少是那些较简单的种类）。因此，困难在于对泰坦高空大气环境进行模拟，这需要将极低的气压和电离辐射组合起来，同时还要确保接下来的反应以气态发生，而不是在压力容器的内壁上发生。[viii]

这个泰坦版本的米勒–尤里实验与斯坦利·米勒最初的实验有一个关键的不同：没有液体的参与。米勒（以及他的效仿者们）用一烧瓶液态水代表地球上的海洋，然后让有机化合物在其中循环。然而在我们模拟的泰坦大气中，所有的化学过程都在富氮的气态环境中发生。这种差异可能是决定性的。那么，这个新版本的"外星"米勒–尤里实验的结果如何呢？可能有些令人吃惊：尽管人们为反映泰坦而非古代地球的情况，对实验配方和条件做了调整，但这种调整并没有改变结果的性质。根据泰坦的状况进行的改版实验生成了许多在现代地球生命体中存在的氨基酸和核酸碱基（C、A、G和T），主要的不同在于生成物的数量。米勒当年可以从烧瓶壁上刮下生成物，并只需要相对简单的仪器就能确定其中主要的分子类别。然而，在泰坦版本的气态实验中，生成的有机沉积物总体来说要少得多，需要精密的分析手段才能发现其中的氨基酸和核酸碱基痕迹。

你也许还会疑惑：在泰坦大气层上层合成的有机物分子如何才能降落到地面，加入我们假想中那场生命起源之前的盛宴。老实说，我们并不清楚。与构成泰坦大气主体的其他分子相比，实验中最令人关注的有机生成物（也就是氨基酸和核酸碱基）相对较重。目前我们的猜想是：这些分子会向下扩散，到达泰坦表面。从物理学的角度来说，这种看法是合理的，但它成立与否却取决于泰坦上的大气动力学，而我们对后者几乎一无所知。

然而，这对泰坦上的生命来说意味着什么？模拟泰坦的实验室和模拟古代地球的实验室生成了同样的氨基酸和核酸碱基，这一事实或许表明：两种环境中的有机物或许有着不同的曲折反应路径，但这些分子是两者的交叉点。尽管这些氨基酸和核酸碱基中的一部分已经被纳入了地球生命体，但类似的过程很可能不会发生在泰坦上。这主要是因为，这些特定的有机物并不能良好地溶于液态甲烷或液态乙烷。

也许我们恰好忽略了我们的米勒–尤里实验中产生的关键分子，这是因为人类受知识所限，对生命的看法仍旧偏向地球生命及组成它们的分子。无论如何，我们至少可以说泰坦是一片化学性质活跃的沃土，与早期地球的状况有着惊人的相似。科学界普遍的看法是：地球生命正是从一个这样的环境中自然起源的。就这个意义而言，可以说泰坦"刚好适合"生命的存在。但是不要忘了，关于地球是如何从"刚好适合"生命演化到真正出现生命的，我们知道得很少。不过，考虑到我们对泰坦丰富的化学状况的发现，泰坦显然是一个潜在的生命栖息地，这一点难以否认。

对生命而言，多冷才是太冷？

泰坦对生命而言太冷了吗？我们是否能单凭温度太低这一点就否定生命存在的可能？答案再一次是否定的！一个基本的事实是：生命的动力并非来自温度，而是来自化学反应。

的确，温度越高，化学反应进行的速度就越快。我们所感受到的温度其实仅仅是组成介质的粒子（原子或分子）的随机运动，温度越高意味着粒子运动程度（速度）越高，而这又意味着相关的原子或分子相遇并发生反应所需的时间会以正比例缩短。这个判断并不需要设定温度的上下限才能成立。如果你的样本温度达到300K，就表示它比同一份样本在温度为150K时所拥有的热量多一倍。

在温度到达这样的极限之前，在你我身体构成中占大部分的水早已冻得像石头一样硬了。所以你可以说：如果温度低于某一确定的低温，该条件就不再适合地球生命生存。这自然没有错，但这只不过是因为地球生命是基于水的。如果生命选择另一种液体介质，比如氨、甲烷或者乙烷，就能为自己在温度上打开一片新天地。你必须找到刚好适用于这种新形态生命的有机化学。不过，有一点基本事实是：已知的有机化学中的大部分知识仍能为你所用。你甚至可以在一点水中加入防冻剂，观察所有地球生命需要的酶化学反应是否还能发生，以此测试地球生命的极限。事实是，在温度低至零下100摄氏度（即173K）时，酶化学反应仍能发生。因此，尽管低温会导致潜在的生物化学反应需要更长的时间，但并不会从根本意义上成为生命的障碍。

如果我们放下"最适合生命的温度区间在 0 摄氏度到 100 摄氏度左右"这一地球中心主义的观点，也许就能意识到：比这个区间低得多的温度仍可能对生命的运行起到积极作用。就泰坦这个特例而言，其有机化学完全可以利用比共价键更弱的氢键，从而形成比在更高温度下范围更广的稳定化学关系。跟嗜温的地球生命比起来，也许低温下的泰坦生命会以更慢的节奏生存，但只要泰坦上的条件保持稳定，这种慢节奏就不会妨碍生命的产生，也不会妨碍生命的发展。

不愿面对的事实

如何辨识泰坦生命很可能是在泰坦上发现生命需要面对的最大困难。即使是在地球上，各个领域的科学家们也没能就生命的唯一根本定义达成一致。

与其花工夫去考察动物学家、植物学家、化学家、分子生物化学家以及其他人关于生命的不同定义，不如让我们专注于天体生物学家。回想一下此前天体生物学家直接参与生命搜索的情形吧，例如"海盗号"系列任务，还有对 ALH8$_{4001}$ 的分析。每一组科学家都使用了一种特定的生命定义，并为检验这种假设而设计实验或进行分析。

首先是"海盗号"的例子。在每次"海盗号"生物学实验中，人们都在不同条件下向火星土壤样本中加入了养分。在任务策划阶段，科学家们认为实验中释放出的气体可以被视为一种不错的火星微生物新陈代谢活动标志。此处的生命定义就是"我有新陈代谢，故我在"。至于ALH8$_{4001}$，研究团队在这颗陨石中寻找可以被识别为细胞化石的、微米级别甚至纳米级别的物理结构。因此，在这个例子中生命的定义则是"我有组织结构，故我在"。

那么，如果我们要前往泰坦（暂时假定这还是一次无人任务），我们应当采用什么样的生命定义？我们已经讨论过将生命定义为能自我存续的、有达尔文式进化能力的化学系统的优点，但如果秉持这种定义，我们的寻找目标应该是什么？又应该进行什么样的检测？

应用分子进化基金会（Foundation for Applied Molecular Evolution）的史蒂文·本纳是这种以进化论为主导的生命搜索工作的主要支持者之一。他认为有三种生物分子对地球生命至关重要：第一种是DNA，即基因信息存储器；第二种是RNA，即信息传递者外加建造者；第三种是蛋白质，即劳动者。本纳的另一个论断也许更加重要：他认为这些地球生物分子的原子结构遵循着某些可能在自然界中普遍适用的简单原则。如果我们能辨识出根据类似原则构造的外星分子，也许就能找到一条发现生命的路径。

这些需要掌握的最简原则中有一条是基因的聚合电解质理论。这种理论认为：DNA的一种关键特性使其成为良好的信息编码分子，即构成所有DNA分子骨架的各种磷酸盐中存在的负电荷重复。同性电荷互相排斥，因此会倾向于将DNA分子撑成长长的带状。在RNA进行顺序化学转录①时，这种长带结构比起一个乱七八糟折叠起来的分子要容易转录得多。此外，骨架中的重复电荷还决定着DNA分子在更大程度上的化学特性，比如它能良好地溶于水。改变C、A、G和T等记录着生命密码的核酸碱基的顺序并不会大规模改变DNA分子的化学特性。可以说，这一性质对于保持基因表达的自由来说至关重要。

因此，此处的挑战就在于从分子生物学家的实验室中获取灵感并设计出实验。这些实验装置需要简洁可靠，足以熬过前往泰坦的旅程，并能在泰坦上寻找这些特别的分子结构。这是一个令人振奋的新方向，采用的是分子生物学家的生命定义。你们中间持现实主义态度的天体生物学家大概已经意识到：要构造一套综合性的泰坦生物学实验装置，上述三种理念（新陈代谢的、细胞结构的和分子结构的）在某种程度上的结合将是必不可少的。

乙炔被谁吃光了？

泰坦总是能挑战我们关于大气化学和卫星化学的观念，包

---

① 转录（Sequential chemical interpretation），指遗传信息由DNA传递到RNA的过程。

括一些在我们看来颇有价值的想法，比如大气中的大量甲烷在与阳光的反应中被转化为更复杂的有机化合物。泰坦大气的其他一些特征则显示了我们在知识上的局限：如果所有甲烷都被转化为更复杂的化合物，为什么还没有被用完？

以涉及甲烷的光化学反应的速度，目前存在于泰坦大气中的甲烷将在 5 000 万年之内消耗殆尽。那么这些甲烷是如何得到补充的？低温火山活动提供了一种解释：泰坦地表之下累积的甲烷以气态排出。这是一种非常合理的解释，不过我们尚未在泰坦表面发现任何清晰的火山状结构。另一个可能的甲烷来源或许是生物性的，这种可能性相当有趣，值得我们来谈一谈。

2005 年，那个曾经用"泰坦殊异"来嘲讽我们的克里斯·麦凯发表了一篇不长的文章，主张泰坦大气层中存在着大量潜在的新陈代谢燃料。在泰坦居民能够利用的"食谱"中，最简单也是能量密度最高的一种办法是将乙炔和氢气进行化合，产生能量和两个甲烷分子，其方程式为：$C_2H_2 + 3H_2 = 能量 + 2CH_4$。你能从这个方程中看出什么吗？居住在泰坦表面的生命消耗了乙炔和氢气，并排出甲烷。没错，不过这一假想过程在多大程度上和我们对泰坦大气的监测数据符合呢？

你可能会大吃一惊："旅行者号"任务和"卡西尼号"的大气观测数据似乎与这种简单的乙炔新陈代谢的效果相当贴合。人们进行了两项研究以对泰坦诡异的化学过程进行解释。第一项研究使用来自"旅行者号"任务和"卡西尼号"任务所收集的数据，对泰坦大气高层区域（人们认为甲烷在这一高度与阳光发生作用，生成氢气）和接近地表区域分子态氢的相对含量分别进行测量。进行这项研究的科学家们吃惊地发现：泰坦大气层底部的氢含量比顶部更高。这之所以令人吃惊，是因为氢气不仅产生于高处，也是最轻的大气气体。这个测量结果意味着有大量氢气从泰坦大气高空的烟雾层向下流动，其数量大约与散逸进太空的氢气数量相当。那么这些向地表流动的氢气到哪里去了呢？一定有什么东西把它们消耗掉了。然而，这种东西是某种嗜氢的生命吗？还是某种不那么激动人心（不过仍然足够有趣的）的表面化学反应[①]？对此，我们不得而知。我们确切知道的是，泰坦表面累积起来的有机物尘埃中没有乙炔。作为大气甲烷被光解过程中最常见的副产品，乙炔应该会经常降落在泰坦表面才对。然而，"卡西尼号"的观测未能在泰坦表面反光的光谱中找到乙炔的化学痕迹。

那么，乙炔的缺失是否可以视为嗜乙炔微生物存在的确凿证据？这些生物会不会悠闲地躲在泰坦上某个浓霾笼罩的湖滨？显然不能。面对新证据时，一名优秀的天体生物学家只能在没有其他选项的情况下，才能将存在生命作为结论。某种很常见的过

[①] 表面化学反应（Surface chemical reaction），物质的两相之间密切接触的过渡区称为界面（interface），如气液界面、气固界面、液固界面、液液界面等。若其中一相为气体，这种界面通常被称为表面（surface）。界面化学研究多相体系中的界面特征及界面上发生的化学过程及其规律。

程就可以解释向下流动的分子态氢的去向以及乙炔的缺席：可能是某种非生物的表面反应将乙炔和氢气组合起来，合成了新的有机物。这样一来，泰坦表面大部分区域都被某种化学成分未知的柏油状有机物覆盖这一事实就变得非常耐人寻味了。

然而各种线索仍然引人神往。初等生命不会向"偷窥"的望远镜或路过的地球人飞船招手。我们会看到各种谜团、异象，还有彼此矛盾的东西。无论是火星上存在甲烷的可能性，还是泰坦表面附近乙炔和氢气的去向，都是我们业已发现的线索中的一部分，而无视这些线索只会对我们有害无益。在这个意义上，我们需要的是对泰坦上的化学过程进行更深入的理解。这一需求终将要求我们与泰坦一晤。

泰坦之旅：无畏的漂流

鉴于我们了解到的所有关于泰坦环境的情况，更鉴于我们尚不知道的东西，将来的泰坦探索任务应该进行何种科学研究？航天器应该是什么样的？它需要什么技术来实现我们的目标？目前人们正在策划一批泰坦探索任务计划。遗憾的是，所有这些计划都面临被束之高阁的命运——它们虽然出色，但还没有出色到能获得资金支持将其变成现实的程度。

我们能不能跳出NASA和欧洲航天局目前的预算困境这个大坑，看一看未来泰坦探索任务的光明前景呢？当然可以，而且有一群人正在这样做——他们主张将泰坦当作下一个大胆的、面向太阳系外围的"旗舰"级太空任务的目的地。未来泰坦探索计划中的许多核心理念已经被整合到了泰坦–土星系统任务（Titan Saturn System Mission，缩写为TSSM）之中。执行这一任务的飞船将进入土星系统，对泰坦和恩克拉多斯进行多次飞掠，最终进入一个稳定的泰坦轨道。随后，飞船将从其所在的高轨道上向泰坦的大气层派出两个探测器。

　　第一个探测器将携带一套600千克重的科学设备，被释放后将悬挂在一个热气球下。在NASA和欧洲航天局的任务概述中，这个热气球被浪漫地称为"蒙戈尔菲耶"（montgolfière[①]）。这个想法非常大胆，但也有充分的理由：泰坦的大气层既浓密又寒冷。探测器上的放射性同位素热电机释放的多余热量可以制造出一个可以漂浮的温暖气泡。"蒙戈尔菲耶"的预期工作寿命为6个月。在这段时间内，环绕泰坦流动的风将会在海拔10千米的高度上带着这个直径为10米的气球环绕整颗卫星一周。[ix]这个气球运载的探测器的主要科学目标是：用轨道器无法使用的波长和空间分辨率——比如分辨率精细到1米的广角视觉成像——对泰坦表面进行拍摄。它将使用一台质谱仪对泰坦大气进行现场采样，以判断其化学构成以及这些构成如何随地点不同而发生变化。无疑，"蒙戈尔菲耶"将成就我们所能想象的最伟大的热气

---

① 　montgolfière，法语，意为"热气球"，来自热气球的发明者蒙戈尔菲耶兄弟（Joseph-Michel Montgolfière和Jacque-Étienne Montgolfière）。

球航行。

另一个探测器将被投放到泰坦上的一个大湖中，并在湖面漂浮。它将是一名出色的化学家，携带一台质谱仪，能够对原子数多达 1 万个的分子属性进行测定。此外，这个探测器还配备了一盏灯和一部视觉成像相机，可以分别对湖面进行照明和拍摄。本阶段任务的时间非常有限：目前的设计中使用的是化学电池，而不是昂贵而稀有的钚电源。预期的电池寿命将为 9 个小时，其中 6 个小时将在下降中度过，因此在探测器对湖水进行分析时，电池只能为它提供 3 个小时的能量。

总而言之，泰坦-土星系统任务将是一次化学意义上的探险。它会对泰坦的大气层和湖泊进行化学定性，且势必得到令我们吃惊的发现。它会发现生命吗？那需要我们有信心从分子结构确认生命的存在。不过，如果泰坦上真的存在生命，这个探测器倒是很可能揭示出这些生命不得不依赖哪些原材料。

如果你受本书启发，打算策划一次泰坦探索任务，你是会对这些目标感到心满意足，还是希望能更进一步？如果真的抱有雄心，你可以设想一套以泰坦为目标的生物学装置应当具备哪些要素——这套装置将与"海盗号"所携带的装置相似。你还可以尝试推测泰坦式新陈代谢的主要特征，并据此设计一个合适的化学检验方法。然而我们从"海盗号"那里已经学到了一个教训：关于生命存在与否，你的实验最多也只能得到模棱两可的结论——除非你对实验发生地的化学环境有更宏观的理解。由于预算的限制，"海盗号"没能携带的实验装置之一是"沃尔夫陷阱"。这套装置得名自它的设计者沃尔夫·维什尼亚克（Wolf Vishniac）。维什尼亚克的想法是将火星土壤加入一小瓶水中，并对微生物生长造成的任何浊度（混浊程度）变化进行测量。在对南极干谷的生物学探索中，这种"沃尔夫陷阱"是常用的实验工具。它基于一种优美而简洁的概念："我生长，故我在"，也适用于在泰坦上的湖泊中检测微生物的生长。不过，在泰坦上，我们得把样本加进一小瓶液态甲烷中，而不是一小瓶水中。

我们还可以想见："眼见为实"这句古老的格言将是把一台显微成像仪纳入设备清单的有力理由，从而可以精确判断湖水中到底可能含有哪些潜在生物学结构。人们都喜欢想象这样一种科学发现时刻：一个地球上的孩子第一次透过一台显微镜观看一滴湖水，发现湖水中的那个微观生物王国。但是如果我们往未来的泰坦着陆器上塞进一台强大的显微镜，你能想象那种期待感吗？准备一份可观察的样本可能非常艰难，但从中得到的图像和延时影像将是检验细胞生命是否存在的强大工具。

既然有这些局限和不确定性，为什么我没有提议大家应该携起手来，启动一次泰坦样本返回任务呢？难道那不正是我们真正需要的吗？当然是，但实施这样的任务需要大量的钱。泰坦样本返回任务的难度将会让火星样本返回任务相形见绌。我们只能利用手里仅有的资源。如果我们有差不多 40 亿美元，那正适合一个泰坦–土星系统任务这样的计划，因为泰坦–土星系统任务目前的预算报价是 25 亿美元。

不要温和地走进那良夜[①]

"旅行者 1 号"放弃了经过太阳系外缘其他行星的机会，于 1979 年 11 月 12 日实施了对泰坦的飞掠。贴近观察泰坦的机会不容错过，于是任务控制者们命令"旅行者 1 号"执行近距离飞掠。飞掠将这个小小的探测器抛出了行星轨道平面，也等于将它抛出了太阳系。"旅行者 2 号"追随"旅行者 1 号"的步伐，于 1981 年 8 月 25 日途经土星，但仍保留了穿越太阳系外缘的航线，这条航线让"旅行者 2 号"在后来实现与天王星和海王星的壮丽相遇。

这些旅行者们面临的是什么样的命运？两个"旅行者"探测器此时都正在穿越太阳系中那个被称为"日球层顶"（heliopause）的湍急地带。在这片空间区域，太阳风带来的粒子压力急剧降低为恒星际空间的低压。一些评论者将这里称为"太阳系的边界"。实际上，这里只是"旅行者"们要经过的几个"驿站"中的第一个。

"旅行者 1 号"正以 56 000 千米/时（或 3 个天文单位/年）[x]的速度飞行。它将穿越日球层顶，然后可能在 1 000 年后穿越冰

---

① 见第四章结尾脚注。

封领域奥尔特云^①。这是属于古老彗星的未知世界，为我们的视线所不及。大约在去往距我们最近的恒星的路途中点，"旅行者"们将跃出太阳的引力影响范围，加入那些环绕银河系运行的恒星的宏伟行列。要走完相当于从太阳到距离最近的恒星系统——半人马座阿尔法系统——之间的距离，也就是 4.3 光年，每个"旅行者"都要花大约 9 万年时间。^{xi}

我们已经踏出了前往更广大世界的第一步。新技术能帮助我们在前往最近恒星的路上追上并超过"旅行者 1 号"吗？9 万年后，人类是否已经渡过了充满困扰的青春期，是否还会作为一个物种存在？这些都是太深太远的问题。我们能确信的是：就人类目前的宇宙航行能力来说，距离最近的恒星也远得难以想象。不过，是时候让我们将目光投向它们了。我们将用望远镜而不是航天器来对它们进行观测，探索它们的行星系统以及那里存在生命的可能性。

注释

i 此处巧妙地引用了奥维德的诗句（"他们将远方的群星带到我们眼前"），又加上了一堆看似随机选择的字母。从技术上

---

① 奥尔特云（Oort Cloud），一个理论上围绕太阳的球体云团，主要由冰微行星组成。奥尔特云外缘距离太阳最远约 2 光年，是太阳系结构上的边缘，也是太阳引力影响范围的边缘。

说，这仍然算得上是一条乱序字谜，不过由于句末加上的那一串散乱字母，所以得扣掉一些分数。老实说，如果我打算隐藏"土星有一个卫星！"（Saturn has a moon!）这一信息的话，我能想到的最好的谜面就是"热腾腾的罗马蒸汽浴！"（Hot Roman Saunas！）

ii 在完成再现泰坦环境和太阳系中其他环境中的有机化学过程的实验后，萨根和卡雷苦于如何命名实验中得到的大量黏糊糊的棕色泥浆。他们最后选择了"托林"这个词。"托林"来自希腊语 *tholos*，意思是"泥泞的"，这是他们能找到的意思最接近于"棕色黏糊"的古代词汇。

iii 别搞错了。太阳风由带电的高能粒子构成，其中大部分是质子，它们会在土星磁场的作用下发生偏转，远离泰坦。光子则是电中性的，不受任何磁场作用。

iv 欧洲航天局的一位科学家将"惠更斯号"的着陆过程描述为在一块法式焦糖布丁上的着陆。这大概是我在本书中最喜欢的意象。

v 有趣的是，"卡西尼号"的雷达测深能达到这样的深度，正说明这个湖泊必然由几乎纯净的甲烷构成。

vi 我们不禁好奇泰坦人的下一个太空探测器的目标会是哪里。

vii 你可以称它为早期地球时代的索伦，而不是"中土"的索伦。［索伦（Sauron）是英国作家 J. R. R. 托尔金的作品《魔戒》中的魔王。《魔戒》故事主要发生在中土世界（Middle Earth），

与对应"早期地球"的"中期地球"字面相同。——译者注]

viii 人们以一种巧妙的方式做到了这一点：将带电气体分子封闭在一个静电盒内。所谓静电盒，对你我而言就是一个带电的导线笼子。导线与气体分子之间的电荷互斥让这些气体无法逸出。

ix 其速度大约为每秒 1~2 米，差不多是从容不迫的步行速度。

x 一个天文单位被定义为一年中地日距离的平均值。

xi 半人马座阿尔法不在"旅行者"们的方向上，不过把距离我们最近的恒星系作为度量它们航程的参考仍不失启发性。

第八章

系外行星：没有
尽头的世界

还记得吗？早在第一章我就鼓励你走出家门，仰望夜空中的恒星。肉眼可见的恒星有几千颗，每一颗都是一个太阳，与我们的太阳相似。在这些恒星之外，是多达4 000亿颗更暗淡、更遥远的恒星，它们组成了我们所在的银河系。如果我们的太阳是银河系中亿万颗恒星中的寻常一员，那太阳系的行星系统是否同样寻常？

　　本章将讲述系外行星——围绕远方恒星旋转的行星——的发现故事。它们会是像科幻小说中所梦想的奇异新世界，还是一些宛如旧识的世界，跟我们在太阳系内的近邻们相似？事实上，两种情况都有。尽管我们对大多数系外行星的探测手段还是间接的（这是因为行星发出的光会被其母星耀眼得多的光芒掩盖），我们仍能对其部分基本物理性质进行测量。它们是像木星那样的气态巨行星，还是类似地球这样的陆地世界？它们是温暖宜人，还是拥有对生命不利的极端温度条件？

系外行星的故事是一个纯粹意义上的发现故事：仅仅 20 年前，这数以千计的新世界的存在还不为我们所知。我们心中那个从不停止发问的天体生物学家还会提出更尖锐的问题：如何评估这些系外行星的宜居潜力？它们有可能承载生命吗？又如何确认它们的存在？一次伟大的科学远航就在我们面前。然而困难也很明显：这些恒星以及它们的行星都太远了。当我们思索在系外行星上寻找生命的问题时，会发现我们必须改变方法。我们与这些遥远行星以及其上可能存在的生命之间有着难以逾越的距离，派遣无人探测器以尝试勇敢的样本返回任务也不是一个现实可行的选项。我们只能使用望远镜以及望远镜上配备的感应器来进行远距离观测。

如何捕捉一颗公转中的行星

那么，我们该如何探测系外行星呢？在第一章中，我曾经介绍过人类发现的第一颗系外行星——飞马座 51b，并讲述了它因其对母星的引力影响而被我们发现的过程。行星的公转运动会造成它所围绕的恒星也发生微小的公转，而恒星的这种公转可以用高敏感度的摄谱仪探测到。这种探测技术被称为星球径向测速法，或多普勒摆动法。自 1995 年起，人们已经利用它发现了数百颗新的系外行星。

在本章中，我打算向你们讲述一个略微不同的故事，将关注的重点放在另一种探测系外行星的方法上。这种方法被称为行星凌日法。在行星发现能力上，凌日法并不比多普勒摆动法（或其他任何因篇幅限制在此无法述及的方法）更好或更差，但行星凌日法的故事——它发展和成功的过程——却是一个好故事，而我从来无法拒绝一个好故事。

一闪一闪亮晶晶

在地球大气湍流的影响下，夜空中的恒星看起来会不断闪烁。如果我们改变视角，从太空中观察这些恒星（就像那些环地轨道上的望远镜一样），这种变动不居的闪烁图像就会稳定下来。

不过，一些恒星本身就过着不安分的生活，其庞大的等离子体大气层中发生的脉冲现象令这些恒星的亮度随着时间发生变化，如同星际空间的缓慢心跳。然而，即使我们只将注意力集中在那些表现良好，看上去稳定不变的恒星上，有时也会探测到微弱到几乎不可觉察的闪烁——那是一种定期的亮度变化，如同时钟的运行一样有规律。这种节奏性变化的原因在于：行星运行到其母星前方时，会让母星的亮度稍微减弱。我们将这种现象称为凌日。事实上，凌日现象与我们在地球上看到的日食非常相似，不同的只是遮挡恒星光线的不是我们的月球，而是一颗行星。

行星凌日同样发生在我们的太阳系中。以地球为观测点的话，金星就会定期穿过太阳的盘面，每次横穿大约需要 7 个小时。在凌日期间，金星会阻挡一部分射向地球的日光。那么被阻挡的这部分日光到底有多少呢？从地球看去，金星在经过太阳前方时就像是一只黑色的圆形碟子。根据最基本的几何学可知，圆的面积等于 π 乘以半径的平方。此处的半径即是金星的半径，也就是 6 000 千米左右。太阳的盘面面积则等于 π 乘以太阳半径（约 700 000 千米）的平方。因此，金星在凌日时所遮挡的太阳光线比例就是两者半径之比（约为 1/100）的平方，也就是约 1/10 000。

关于从地球上看金星凌日的情况我们已经说得够多了。那么，一名远方的观测者在观测更大的行星（比如木星）穿过太阳前方时，会看到些什么呢？木星的半径是金星的 10 倍左右，因此木星凌日时遮挡的太阳光线比例就是约 1/100，也就是 1 个百分点。实际情况是，当前的陆基望远镜及其感应器刚好可以侦测到这种程度的亮度改变。这也解释了为何我们使用凌日法找到的第一颗系外行星是环绕类日恒星的、木星大小的行星。行星凌日法搜索的精度已经有了巨大的提升，于是我们将会看到，目前"安装"于太空的探测设备已经可以经常找到与地球大小相仿、环绕类日恒星运行的新世界。

然而，如果一颗行星的公转轨道使它不会经过母星前方呢？如果我们的视线由于观察角度的影响，正好垂直于行星公转轨道的环面呢？这样一来，就太空中我们这个方向而论，这颗行星永远不会出现在其所环绕的恒星前方，我们也就永远看不到这

个行星系统中的凌日现象。[i]

没错，我们对凌日现象的观测得益于随机的排列，需要行星的公转轨道倾角刚好能让它们在我们眼中经过恒星前方。这是否是一个根本性的问题呢？完全不是。考虑到恒星和行星各自的大小，再加上行星公转轨道的半径，我们大约只能看到10%的远方行星经过其母星前方，这10%的行星系统在任何其他方面都不会有什么特别或不同之处。决定我们能否看到行星的凌日现象的，完全是随机性。

从母星的周期性日食中，我们能了解到关于行星的哪些性质？首先，我们可以确定这颗行星的公转周期。如果凌日现象每20天出现一次，那么这颗行星每围绕恒星运转一圈就需要20天。就是这么简单。恒星光线变弱的幅度则能告诉我们行星的投影面积与其母星投影面积之比，也就等于告诉了我们两者的半径之比。需要注意的重要一点是：恒星遵守着一套非常明确的物理法则，只要你知道它的光度以及其表层气体的温度，就能精确地计算出它的半径，然后你就可以用每次凌日的特征来算出行星的半径。假如你还能通过多普勒摆动法测量行星的质量，就还能算出它的密度，这就足以为我们提供一条关于该行星物理性质的基本线索：它是致密的岩质行星还是稀薄的气体行星？

因此，对行星凌日的观测并不算难，却能告诉我们这颗行星的公转周期和半径（外加质量和密度）。用于探测行星凌日现象的观测手段还能告诉我们它所环绕的是一颗什么样的恒星，是比我们的太阳更大、更亮、更热，还是更小、更暗、更凉？实际上，关于这颗行星及其轨道的情况，我们可了解到的远不止这些。然而在进一步深入之前，我要先介绍你认识一下我的朋友开普勒。

开普勒其人

约翰内斯·开普勒生于 1571 年，去世于 1630 年，生活在今天被我们称为德国和奥地利的地区。他是一位天文学家，也是一位数学家，是伽利略的同代人，也是他的同行。与伽利略一样，开普勒的一生深受当时席卷整个欧洲的宗教乱局和战争的影响。尽管他并不像伽利略那样人人皆知，但我仍希望在此说明为何开普勒堪称科学家中的勇者。至少在我个人看来，开普勒是一位英雄，因为他也许是科学家群体中第一个意识到自己的宇宙观念出了错的人。这些观念之所以错误，是因为它们与观测不符。开普勒之所以跻身伟人之列，更多地在于他勇于放弃，而不在于他的发现。

仅仅说开普勒痴迷于行星运动，是远远不够的，他根本就是为之疯狂。他的第一个主要理论描述了行星在太空中的绝对运动，而理论中的圆形公转轨道半径由一组嵌套的"完美"多面体（或"柏拉图多面体"）决定。[ii] 这个模型很精致，让不久前才将中心"移"到太阳上的太阳系具有了一种令人愉悦的数学和谐。然而这个理论同时也是错的。开普勒意识到了自己的错误，用的则是后世所有科学家采用的一种方法：他用自己的模型对行星在天空中出现的位置进行预测，并将预测结果与他能拿到的最准确数据进行比较。值得一提的是，完成这项工作需要进行冗长的计算，这在今天这个由处理器驱动的世界中几乎难以想象。

尽管开普勒本人从来不是一个杰出的观测者，他却（在激烈的争夺之后）接管了他的前任和导师第谷·布拉赫[1]费尽心血汇编而成的大量天文观测数据资料。在第谷于1601年去世前，开普勒一直为他工作。两人的气质完全相反，彼此也没什么好感，但难能可贵的是开普勒足够明智，选择信赖第谷的工作成果。在第谷留下的资料中，天文对象位置数据的典型误差只有大约2弧分[2]。

考虑到计算行星位置所需的艰辛数学计算，开普勒选择将精力集中于火星上。从地球上看，火星在天空中的运行会定期出现退行（或者说倒转）现象。这种现象似乎对当时所有的成熟理论构成了重大挑战，而开普勒精心计算得到的正圆轨道也没法克服它。他对火星位置的预测与观测到的位置相差了8弧分，大约相当于满月直径的1/4。经年劳动付诸东流，这让开普勒感到

---

[1] 第谷·布拉赫（Tycho Brahe，1546—1601），丹麦贵族、天文学家、占星术士和炼金术士，其天文观测数据的精度达到了很高水平。开普勒在1600年至1601年间担任第谷的助手，并在第谷去世后成为他的继任者。

[2] 弧分（Minute of arc），又称角分（minute of angle），是量度平面角的单位。60弧分等于1度。

失望，但他也意识到观测结果才是正确的。他本可以无视这种偏差或者将它变得"合理"，本可以质疑观测数据的精度，也可以认为一个如此精美的理论在被彻底证明错误之前不应轻易抛弃。然而，开普勒意识到了细节的重要性，并发现自己的理论在细节上出了错，因此坚持了一名现代科学家的立场（他也许是第一位现代意义上的科学家）。

开普勒满心沮丧，却没有被击倒，而是回到了自己的工作台前。在漫长的计算之后，他又来到了起点：令人困扰的火星公转轨道问题。此时开普勒已经摸到了真正答案的边儿，只是自己还没有意识到这一点。公转轨道会是椭圆形的吗？他很清楚：椭圆和正圆都是由所有可能的公转轨道构成的连续体的一部分，都是圆锥曲线，即使用二维平面切割三维圆锥得到的形状。

在回到椭圆轨道这一想法之后，开普勒意外地发现火星的运动竟与之完美符合。其他每颗行星也都沿着各自的椭圆轨道运行，在太阳系中各安其位。他将这一发现表述为他的行星运动第一定律：行星的公转轨道是椭圆形，而太阳是这个椭圆的焦点之一。每颗行星都以相似的节奏运动，在接近太阳时运行速度较快，在远离时则较慢——这是他的第二条定律。最后，开普勒用强有力的第三定律表述了行星公转的数学之美：行星公转周期的平方与其到太阳距离的立方成正比，或 $P^2 \propto a^3$。[①]

---

① 开普勒第三定律的准确表述为：各个行星绕太阳公转周期的平方与其椭圆轨道的半长轴的立方成正比。两者的比值即开普勒常数 K。

开普勒于 1630 年去世。他的定律在大约 57 年后得以复活。1687 年，艾萨克·牛顿（Issac Newton）发表了他的《自然哲学的数学原理》（*Mathematical Principles of Natural Philosophy*），在书中表述了他的万有引力理论。这是有史以来最为惊人的创造性思想之一，牛顿对开普勒的定律着迷。此时开普勒定律对行星位置的预测仍如它被提出之时那样准确，然而这是为什么呢？是什么样的隐形力量在驱动行星围绕太阳运转？为了回答这个问题，牛顿提出了万有引力理论。根据这条理论，看不见的引力就来自两个物体的质量乘积除以它们之间距离的平方。牛顿证明了开普勒的定律不仅适用于太阳系，也适用于围绕任意恒星运转的一切行星系统。简言之，你只需要知道母星的质量——因为行星公转轨道的大小完全由这个质量决定。[iii] 由于牛顿和开普勒的共同努力，环绕一切恒星（而不仅是我们的太阳）的行星运动都变得有迹可循。

现在我们终于可以理解行星凌日现象这一谜题中的下一块拼图了：只要知道了行星的公转周期以及其母星的质量，就能运用开普勒第三定律算出其轨道半径。这样一来，你已经对一个新行星系统的大小进行了测量。

航天器开普勒

观测到的行星凌日特征为我们提供了一个了解远方恒星系的

窥孔。然而这样的了解要求的观测精度高得惊人。一颗地球大小的行星运行到一颗类日恒星前方时，造成的亮度变化约为 1/10 000，也就是 0.01 个百分点。要确保自己观测到的是一次凌日而不是一个噪点，你的测量精度需要达到待测信号大小的 1/5 左右，也就是 0.002 个百分点。[iv] 这是一个巨大的挑战：即便是当前最先进的陆基星空亮度测量手段，其精度偏差也很难低于 1 个百分点。

凌日观测需要精度，这就意味着我们需要进入太空。在地球之外进行观测有诸多重要的优势：你离开了地球的大气层，因此可以避开其中的湍流和隐藏的光线；你可以连续进行观察，而不用考虑地球的日夜周期；最后，更稳定的观测条件加上低噪的数码感应器能让你进行最高精度的光度测定（photometry[v]）。

1984 年，由位于加州的 NASA 埃姆斯研究中心的威廉·博鲁奇（William Borucki）领导的小型研究团队率先将这些想法结合起来。他们设计了一个空间观测站，它将对包含超过 16 万颗明亮恒星的一小块天空进行为期 4 年的连续观测。由于星体随机排列的可能性的存在，哪怕是每颗恒星都拥有一颗行星，我们顶多也只能期待看到其中 1/10，也就是 16 000 颗恒星发生凌日现象。此外，观测还应该足够精确，能在一颗地球大小的行星出现在一颗太阳大小的恒星前方时探测到它。假设这个遥远"地球"每年围绕其母星公转一次，这一为期 4 年的新世界搜寻任务就可以在该恒星系中看到多至 4 次凌日。这样可以确定观测到的现象的性质。

"开普勒号"太空望远镜在 20 多年后才得以升空，而且实现了人们对其发现新世界的期许。该项目的计划书曾多次被 NASA 驳回。每一个技术方面的质询和怀疑都在一系列实验室测试和空间测试中得到解决，其中科学家团队的投入居功至伟。[vi]"开普勒号"项目最终在 2001 年 12 月被列为 NASA 的"发现"级任务。至于项目的花费嘛，是 6 亿美元，其中包括硬件、发射和在地面进行科学分析的费用。迄今为止，我们从"开普勒号"得到的科学收获让这笔投资显得再划算不过。

"开普勒号"太空望远镜于 2009 年 3 月 6 日发射升空。其设计工作寿命是 3.5 年，但也可能进行多至 6 年的观测。无论从哪个角度说，它都不算一个大型的航天器。其主镜的直径为 0.95 米。"开普勒号"上真正宝贵的，是它的感应器，那是一台 9 500 万像素、具备卓越电子性能的相机。当这台望远镜指向一片位于天鹅座和天琴座的星野时，其视野面积为 105 平方度。这片天空可以说是相当巨大了：月球的角直径[①]只有 0.5 度。因此，"开普勒号"的视野大小相当于一块每条边长为 21 个月亮的正方形。

为什么需要这么大呢？因为这块星野中包含了 16 万颗恒星。这些恒星足够明亮，能够满足我们需要的光度精确性，又不至于彼此重叠或是被归入背景中的其他星系。"开普勒号"每 6 秒对这块星野进行一次观测，随后对图像进行处理和存储。并非

---

① 角直径，从一个特定位置上观察物体时看到的对象视直径，以角度为单位。

所有原始数据都得到保留，否则"开普勒号"上配备的硬盘空间很快就会耗尽，而且它收集数据的速度也远远超过地球下载其数据的速度。"开普勒号"采用的是另一种方法：它对16万颗目标恒星中每一颗恒星的亮度进行测量，并且只存储这一信息，然后将由6秒一张的图像中得到的亮度数据进行批量汇总，合成一张表现3分钟亮度平均值的图像。得到存储的正是这种大大压缩之后的信息。此外，"开普勒号"每个月只向地球发送一次包含每颗恒星亮度数据的"数码明信片"，这才是每个月都令"开普勒号"任务团队的科学家们兴奋不已的原始数据。

"开普勒号"以这种方式工作了4年多一点儿，一直稳定而全面地对16万颗恒星的亮度进行6秒一次的监测。这一工作所需要的耐心和严谨足以令科学家开普勒也感到自豪。不幸的是，"开普勒号"的探索任务在2013年5月11日戛然而止——其配备的4个反应轮又坏掉了一个。每个反应轮都是一台精密校准的稳定器，让望远镜能保持在一条特定的轴线上。空间有3个维度（或者说3条轴线），所以要让望远镜指向天空中的某个特定区域，最少需要3个反应轮。并且，望远镜方向的精确性是保证其整体精度的关键一环，而有了这样的精度"开普勒号"才能对恒星的亮度进行测量，因此在两个轮子发生故障之后，"开普勒号"失去了方向，不再发挥作用。

"开普勒号"最主要的行星发现任务结束了，但就此宣布它寿终正寝却有些言过其实，人们创造性地利用太阳光辐射压力作为稳定器，让"开普勒号"仍能对天空中新的区域进行监测。未来当然还会有新的行星发现任务，但毫不夸张地说：就其对人类知识所做出的贡献而言，"开普勒号"不会比过去、现在和未来的任何太空任务逊色。那么，我们到底了解到了些什么呢？那些美好的新世界到底是什么模样？

热木星……

　　系外行星的发现要求我们为描述它们创造新的形容词——新的行星环境需要新的词汇。因此，那些陪伴着我们的银河系中一些恒星的行星就开始被称为"热木星"与"超级地球"。从迄今为止我们通过一切技术手段（不限于"开普勒号"）发现的系外行星那里，我们了解到的最惊人的事实是：它们是如此多种多样。如前所述，飞马座 51b 是我们发现的第一颗热木星，而现在我将向你介绍仙女座 Υ 星 b[①]，简称"仙 Υ b"（Ups And b）。仙女座 Υ 星[②]距离地球约 44 光年，是一颗 F 型恒星，[vii] 比我们的太阳更热，也更亮。如果运气好的话，我们甚至用肉

----

① 仙女座 Υ（Upsilon Andromeda，中文称天大将军六）是一个位于仙女座天区的联星系统，距地球约 44 光年，其中主星为仙女座 Υ 星 A，伴星为仙女座 Υ 星 B。此处提到的行星仙女座 Υ 星 b 围绕仙女座 Υ 星 A 运行，故亦称仙女座 Υ 星 Ab，以与仙女座 Υ 星 B 更好地区别。
② 准确地说应为仙女座 Υ 星 A，下同。

眼就能轻易看到它。仙丫b于1996年被发现，比飞马座51b晚一年，是热木星这一令人迷惑的新行星类型的又一个例子。然而，这种归类是依据哪种测量方法呢？我们如何判断一颗行星的温度是多少？

根据仙女座丫星系统的基本径向速度数据，我们可以算出仙丫b的质量约为木星的一半，围绕其母星公转的周期为4.6天。如果一颗行星的质量与木星相近，我们可以猜测它会是一个类似木星的世界。然而为什么要说"热"呢？要理解这一点，我们必须回到开普勒第三定律，回到行星公转周期与轨道半径的关系上。如果其母星的质量与太阳相近，我们就可以参照我们的太阳系的尺度来考察仙女座丫星b的公转。由于仙丫b的公转周期为4.6天，那么它的轨道半径必定是1/20个天文单位（AU）左右（更精确地说，是0.06AU）。这使得它与母星之间的距离仅为水星轨道半径的1/8。这样一来，它的"热"也就显而易见了。不过，仙丫b到底有多热呢？

要计算一颗行星的表面温度，我们必须依赖一个重要的假设：行星从其母星接收到的能量与其向太空二次辐射的能量是平衡的。根据母星的温度、行星吸收的（而不是反射的）母星光线比例以及行星与母星之间的距离，我们可以计算出在何种表面温度时才能实现这种能量平衡。对于仙丫b来说，其平衡温度超过1 400K，因此它可以当之无愧地被称为一颗热木星。

仙女座丫星系统带给我们的最大惊喜之一是：哪怕我们从

母星的多普勒摆动中减去 b 行星的影响，母星仍然表现出可探测的径向速度变化。这意味着还有更多的行星。人们最终发现，仙女座 Υ 星拥有 4 颗质量与木星相近的行星，每一颗的轨道半径都小于我们太阳系中的木星轨道。较之 b 行星，另外 3 颗行星与母星之间的距离都更远，因此它们的平衡温度也依次降低。我希望此刻你的头脑中会突然出现一道闪光，让你窥见平衡温度与宜居带概念之间的联系。宜居带可以有多种不同的定义方式，有的只需要使用大学一年级的物理学知识，有的则需要假设特定的大气构成并据之运行更复杂的模型。然而，最简单的定义也许是：宜居带的范围就是能使行星的平衡温度保持在 0 摄氏度至 100 摄氏度之间的轨道半径范围。

……还有超级地球！

"开普勒号"发现的行星多种多样，而最令人意外的发现之一是其中许多新世界的半径介于 1 倍到 4 倍地球半径之间。在我们的太阳系中，天王星和海王星的半径都是地球的 4 倍左右，质量则分别是地球的 14 倍和 17 倍。在太阳系中，再无其他任何天体的大小介于它们与地球之间。然而，在"开普勒号"的发现清单中，这些中间尺寸的行星却是最常见的类型之一。这些行星会是什么模样？它们会不会是比地球更巨大的陆地世界——也就是所谓"超级地球"？抑或只是一些迷你的类木行星，就好像那不起眼的海王星？

　　"超级地球"中最极端的例子之一，是一颗被称为开普勒–10c①的行星。它作为一颗凌日行星被"开普勒号"探测器发现，其半径为地球的 2.3 倍。开普勒–10c 的母星的径向速度显示：这颗行星的质量应为地球的 17 倍，几乎和海王星完全一样。知道了开普勒–10c 的质量和半径之后，我们就可以算出它的密度，是地球的 1.3 倍。因此它不会是一颗气态巨行星，必然是一颗超级的"地球"。然而，是什么因素决定一颗质量达到地球 17 倍的行星是岩质（如开普勒–10c）还是气态（如海王星）呢？我们对此一无所知，至少现在一无所知。

　　事后看来，如果我们发现太阳系仅仅是一个普通的恒星系，仅仅是根据某种反复使用的行星法则模板构造出来的恒星系之一，我们无疑会感到失望，甚至乏味。不过，根据系外行星显示出来的信息，当前我们对行星科学的看法更近于认为它是各种行星形成可能性的松散杂糅。这令人困惑，但显然也有趣得多。

多样世界

　　关于各种行星，我们并没有一个官方的集合名词来表述，[viii]"行星序列"（system of planets）是一个可用的说法，却不

----

① 　开普勒–10c (Kepler-10c)，环绕天龙座天区的黄矮星开普勒–10（Kepler-10）运行的行星，距地球约 560 光年。

怎么有创意；"多样行星"（plurality of planets）听起来则更有意思一些，这个说法往往被认为出自乔尔达诺·布鲁诺①。这位16世纪的神父和哲学家猜想恒星与我们的太阳同属一类，不仅每一颗都有行星环绕，而且也有居民陪伴。这种宇宙多元主义观点在后来的科学启蒙时代中被广泛接受，直到洛厄尔的火星居民说之后才遭到了明显的质疑（而且很快就平息了，真是谢天谢地）。从"开普勒号"数据中得到的结果显示出一种真正的宇宙多元主义：行星并不鲜见。事实上，行星是如此常见，以至我几乎想为它们创造另一个集合名词：多得让人头痛的行星！

在"开普勒号"任务启动之际，我们已经知道大约332颗系外行星的存在。天文学家们使用各种方法探测到这些行星，而不仅是用凌日法。截至2014年底，我们认识了1 849颗系外行星，其中大约一半（923颗）由"开普勒号"发现。天文学家们将这些行星视为"已确认"的，这意味着他们已经使用星体径向速度观测或更灵敏的手段（如凌日时间变分法[ix]）对每颗行星的质量进行了测量。在"开普勒号"发现的行星中，除923颗已被确认之外，还有超过2 500颗候选行星。根据之前此类候选行星获得确认的概率，这2 500颗中可能有超过90%是真实存在的。

在此我要提出一个重大的问题：每颗普通恒星有多少颗行

① 乔尔达诺·布鲁诺（Giordano Bruno，1548—1600），文艺复兴时期意大利哲学家、数学家、天文学家和宗教人物，因支持哥白尼日心说而为大众所熟悉。他因其宗教思想而于1600年在罗马被处以火刑。

星？"开普勒号"的普查能够给出答案吗？截至2014年，"开普勒号"已经在2 658颗恒星周围发现了3 533颗候选行星。在这个样本中，约有1/5的恒星拥有不止一颗行星。对"开普勒号"数据的分析业已向我们揭示了小型行星（半径最高为地球的0.5倍者）在低质量低温恒星（质量介于太阳的0.1倍至0.5倍者，或M型恒星）周围出现的概率——每颗恒星0.5个，也就是每2颗目标恒星会有一个小型行星。如果将这一分析扩展到类日恒星的范围（即K型恒星和G型恒星），答案则是每颗恒星0.2个，即每5颗目标恒星会有一个小型行星。

如果你希望看到宏大问题的答案，上面就是一个例子——没有多少问题比它更大了。那么，一颗普通恒星周围到底有多少行星呢？嗯，答案大概会略小于1。也就是说：有上千亿颗恒星，差不多就有上千亿颗行星。较之行星的真实出现率，"开普勒号"给出的这个数字很可能是一个略微偏低的下限。只要设想一下"开普勒号"就我们的太阳系会给出怎样的答案就知道了。尽管它被设计用来探测环绕类日恒星运行的类地行星，"开普勒号"却无法在类日星周围探测到类似火星的行星（因为目标太小）。木星同样无法被"开普勒号"探测到，因为木星环绕太阳的公转周期是11年，在"开普勒号"的4年观测期里最多只能制造一次凌日现象。

天堂与地狱

在《2001：太空奥德赛》的前言中，阿瑟·C.克拉克提到了一个相当有趣的巧合：每个活着的人，无论男女老幼，背后都有 30 个鬼魂，那是从第一代可被称为人类者以来的所有人类祖先。超过 1 000 亿个灵魂在地球上潜行，只为寻找归宿。克拉克还指出作为我们家园的银河系就拥有数千亿颗恒星，并对这些遥远的太阳中有多少拥有行星的问题做出了猜测。他所思考的是：也许对于每一个曾经活过的人类，都有一个独立的世界专属于他或她；也许每个人都可以独享这样一个天堂或者地狱；也许人类的每一位祖先都可以永远在那里生活。今天，克拉克对银河系中亿万行星的想象在我们的搜寻中变成了现实。这些行星的形态千奇百怪，出乎我们的意料。

然而，在这亿万个天堂和地狱以及各种中间形态中，是否会有一些星球与地球相似？是否会有一些陆地世界既有坚实的岩质表面，又有适宜的温度，并因其现有的大气层状况而允许液态水的存在？这种寻找地球 2 号（质量与地球相近，环境与地球相似，还环绕一颗类日恒星旋转的世界）的努力方向也许太过狭窄，目标条件太过明确。但是根据"开普勒号"的发现，我们相当确信类似地球的星球（即位于其母星周围宜居带内的类地行星）在银河系内是很常见的。我们已经找到了几十个这样的新世界。

格利泽 667Cc[①]就是其中之一。哪怕是在想象力最天马行空的科幻小说中，这颗行星也不会显得黯然失色。格利泽 667 是一个距离地球约 23 光年的三合星系统，其中 A 星和 B 星占据了内圈的双星轨道。另一颗小型的伴星格利泽 667C 则以数百年的周期围绕 A 星和 B 星运转，其质量只相当于我们的太阳的 30%。

这颗小巧而暗淡的恒星至少拥有两颗行星，均由径向速度变化法探测得知。此外，如果你选择相信隐藏在噪声中的微弱的多普勒信号的话，格利泽 667C 可能还拥有另外 5 颗行星，使其行星总数达到 7 颗。引起我们注意的是格利泽 667Cc——这个系统中第二颗被确认的行星。格利泽 667Cc 的质量至少相当于地球的 4 倍，极有可能是一个超级地球。并且，尽管格利泽 667Cc 的轨道半径只有水星到太阳距离的 1/4，但其母星温度较低，所以它正好处于宜居带内。

这是一个多么奇特而精彩的世界啊。格利泽 667Cc 接收到的恒星能量约为地球的 90%，正好不算多也不算少。它的"太阳"在天空中看起来有我们的太阳两倍大，是一个暗红色的球体，其大部分辐射都不在光谱中的可见光范围（即人类的眼睛通过进化得以感知的范围）。环绕这种低质量 M 型恒星的行星会有一个宜居性问题：此类恒星本质上比我们的太阳更为活跃，会定

---

① 得名自德国天文学家威廉·格利泽（Wilhelm Gliese，1915—1993）。他于 1957 年发表的近星星表收录了近千颗距离地球 20 秒差距（后有改为 25 秒差距版本）之内的恒星。

期爆发出巨大的恒星耀斑。对任何生存在一颗近距离行星表面的生命来说，这种耀斑都是极度危险的。

也许你不喜欢太过陌生的格利泽 667Cc。毕竟，有什么地方能比得上自己的家呢？让我们来看一颗感觉更熟悉的行星好了。开普勒 22b 怎么样？2009 年 5 月 12 日，也就是"开普勒号"任务启动之后 3 个月，它就发现了开普勒 22b 的第一次凌日。开普勒 22b 的母星开普勒 22 距离地球约 620 光年，各项特征都与太阳极为相似，只比我们的太阳略轻一点，温度也稍低。开普勒 22b 的半径是地球的 2.4 倍，并且很可能是一颗岩质行星。

开普勒 22b 围绕其母星公转的轨道半径比地球的略小，但由于开普勒 22 的温度比太阳稍低，因此开普勒 22b 完全可能运行于宜居带中。如果你对这颗行星的平衡温度进行计算，你会发现结果是 262K，也就是零下 11 摄氏度。不过别忘了，这只是这颗行星"不穿衣服"时的温度，即在没有大气层提供温室效应时的温度。

假设开普勒 22b 有一个类似地球的大气层，又会是什么样呢？在这种情况下，其表面温度将会是宜人的 22 摄氏度，比地球的全球平均气温 15 摄氏度略高。这当然很好，但万一它的大气层更像金星或火星的大气层呢？自然，那样一来，大气层对行星表面的额外加温效果就会分别与金星上（加温太多）或火星上（根本没有保暖作用）的情况一样。由于我们并不确定开普勒 22b 的大气层到底是什么样的，这种假设或许倒是一个不错的方法，可以帮助我们估计开普勒 22b 表面实际温度可能达到的上下极限。

开普勒 22b 是一颗相当引人注意的行星，然而遗憾的是，我们并不知道它的质量是多少。此外，尽管我们猜测这颗行星的公转轨道是正圆形的，但仍不能排除其为椭圆的可能性。这样一来，开普勒 22b 在公转时就可能不断进出宜居带，其表面温度也会因此遭遇剧烈的波动。

大海捞针

宇宙中存在着适宜居住的类地世界（我们完全可以将它们比作地球的兄弟），这引起了人类的强烈共鸣。也许下面的事实不如我在上文中向你介绍的各个世界那样实在，但"开普勒号"从统计的角度为我们提供了一个同样深邃的视角，让我们知道银河系中有亿万个世界与地球相似。系外行星之所以在我的地外生命搜索心愿列表中跻身前五，正是由于这些世界的存在。有了如"开普勒号"这样不遗余力工作的探测器，加上人们对星体径向速度的耐心观测，一些可能拥有支持生命存在条件的行星系已经出现在我们视野中。

我有意使用了克制的表述——"可能"一词正是此处的关键。当下能被我们测出密度并进而确认是类地还是类木的系外行星寥寥无几。这些行星中有一些位于其母星周围的宜居带内。这一认知最多能让我们对它们的表面温度进行粗略的估算。在我们已知的行星中，可能有一颗拥有大气层，也有适合生命存在的条件。然而同样的，也可能没有。就算我们发现了 1 000 颗这种可能适合生命存在的类地世界，要从其中找到真正的目标，也不啻于大海捞针。何况，先不谈生命存在的概率，仅仅是宜居的概率，就可能比 1/1 000 还小。

在此我要再一次重复我的警告：如果我们偏重只在类地世界上搜寻生命的做法，无论偏重程度如何，在视野上都太过狭隘。只要想一想我们的太阳系里那些世界就能明白：它们与地球天差地别，在天体生物学家眼中却仍富于魅力。我们在系外行星上搜寻生命的工作才刚刚开始，而不是即将结束。然而，我们必须得有一个出发点，而将位于母星周围宜居带内的类地世界作为这个出发点，至少不会比别的选择更糟。

因此，我们面对的是充斥整个银河系的无数个类地世界。计划在接下来 10 年中发射的太空探测器将让我们看到更多。然而，仅仅发现类地世界是不够的：我们的下一步飞跃将是对它们的大气层进行探测。为了证明我们到底为什么应该这样做，我必须让你对人类的家园再匆匆看上一眼。

"伽利略号"：我们能探测到地球生命吗？

"伽利略号"太空探测器于 1989 年启程前往木星，并沿着一条曲折的路线穿过了太阳系内圈。这个航天器先后飞掠金星和地球，并且不是一次，而是两次。每一次飞掠都是设计好的引力邂逅，可以增加"伽利略号"在前往木星的远航中的速度，这些近距离的遭遇同时也带来了难得的机会。"伽利略号"在设计和配备上都是为了勘查木星及其卫星的物理环境，那它是否能将它的相机和探测器转向地球呢？在这位行星际调查员的眼中，地球会是什么模样？"伽利略号"的仪器能够探测到地球生命的存在吗？

人们意识到"伽利略号"对地球的飞掠是一次独一无二的机会，能让我们模拟行星际太空探测器与一颗存在生命的行星的相遇，卡尔·萨根尤其这么认为。那么，相遇的结果又如何呢？"伽利略号"于 1990 年 12 月与地球相逢。3 年后，科学杂志《自然》上刊出了一篇富于洞见的文章，作者是由卡尔·萨根领导的一个团队。文章题为"'伽利略号'对地球生命的搜寻"。那么，"伽利略号"到底发现了什么？

首先，"伽利略号"携带的光谱成像仪显示：地球这颗行星的表面呈现出一种独特的色彩，对可见光中的蓝绿色部分吸收强烈，而刚好在可见光范围之外的红外光谱部分则基本不受影响。这种整体特征被称为"红缘"①。没有任何已知岩石和表土层能产

---

① 红缘（red edge），指植被的反射率在近红外波段与红光波段交界处快速变化的区域。快速变化的原因是叶绿素会吸收大部分可见光，但对于波长 700nm 以上的电磁波几乎透明。

生这种效果——这是生物色素叶绿素的特征。经过亿万年的进化，叶绿素能够吸收能量更高的蓝-绿色太阳光子，用以进行光合作用。红外部分光子的能量较低，对光合作用的用处不大，因此植物的表面将它们直接反射出来，以避免变得过热。

拍摄地球大气层的光谱是"伽利略号"执行的关键观测。从中我们可以看出地球大气层中含有丰富的分子态氧和臭氧，还有不那么丰富但仍然算得上浓度异常的甲烷。无论是火山活动、表面化学反应和光化学反应都不能在地球大气层中制造出这种浓度水平的氧气和甲烷。地球的大气层看起来相当不同寻常。当然，感到不寻常的前提是：你不知道地球表面上存在着大量生命，而生命又通过被我们统称为新陈代谢的生物化学反应改造着大气层。

还有另一件怪事：地球这颗行星会在电磁波谱中的无线电波波段发出嘈杂的声音。那并不是大气中的闪电造成的短暂信号，而是某种奇怪的、刺耳的窄频无线电信号脉冲。[x] 最后你还可以提出这样一个问题："伽利略号"到底有没有拍到任何能显示我们的城市或其他人造特征的地球表面照片？事实是，在"伽利略号"最接近地球，能分辨出的细节最多的时候，它飞过的正好是西澳大利亚和南极洲上空，因此没能探测到任何面积大于 1 平方千米的人造特征。

"伽利略号"观测结果的以上 4 个方面——表面色彩、大气化学、无线电信号以及表面工程特征——被一些人称为卡尔·萨根的"生命标准"。在我看来，任何将"伽利略号"的观测作为我们地外生命搜寻工作范例的做法，显然都将过多的重要性赋予了目前地球上的生命状况。不过"伽利略号"的实验的确揭示了一些更普遍的概念，一些我们此前在火星上和泰坦上曾经遇到过的概念，那就是：定义生命的生物化学过程，还有任何与这种过程发生接触的大气层的化学构成，在演化中是一个统一的物理系统，这就是天体生物学家希望用来在系外行星上找到生命的钥匙。

光芒夺目

那么，是什么障碍让我们不能走出门去，对某颗系外行星的光谱进行拍摄，然后直接检测其大气层呢？限制我们这样做的，实际上并不是这些行星的亮度。在围绕肉眼可见的恒星运行的系外行星中，亮度足以被我们最好的望远镜观测到的为数不少。其中庞大的类木行星比小巧的类地世界更容易被发现，原因很简单——它们能反射更多的恒星光线。造成障碍的是它们的母星的耀眼光芒：母星发出的光线强度可能比行星所能反射的要高上百亿倍。这种光芒将系外行星的反光完全淹没。此外，所有望远镜和探测器还都有一个根本的缺陷——无法锁定遥远恒星拍出聚焦清晰的图像。这些恒星总是会表现出一定程度的模糊，抹去了本来就被恒星光芒掩盖的系外行星反光。

然而，当一颗行星从其母星正面掠过时，它的大气层在短时间内会被母星的光芒从背后照亮。如果行星大气层是透明的，恒星的光线在射向我们的途中就会穿过它。在穿透大气层时，在特定波长上的一部分光线会被构成大气层的原子和分子吸收。如果该大气层中有二氧化碳、水蒸气、氧气、甲烷和其他成分，每种成分都会在穿过的恒星光线中留下自己的吸收痕迹。因此，凌日现象可以让我们对一颗行星的大气层进行短暂却可以重复的窥视。

那么，如果把手中最灵敏的望远镜用于观测迄今我们发现的条件最好的那些系外行星，即那些母星不是太耀眼，公转周期也不是太长（比如以天计而不是以月计）的行星，我们能发现些什么？我们能探测到这些系外行星的大气层吗？没错，的确可以。我们有能力发现更多类地世界，而我们捕捉系外行星大气层光谱的能力也令人惊叹，毫不逊色。

有两个特别的世界引起了我们的注意，分别是HAT-P-11b[①]和GJ1214b[②]。有趣的是，它们的大小都介于海王星级别和"超级地球"级别之间。HAT-P-11b的质量相当于地球的26倍，半径是地球的4倍；GJ1214b的质量则是地球的6倍，半径则是地球的近3倍。很凑巧，这两颗系外行星的密度都与海王星一样，大约为地球的1/3，即水的1.5倍。HAT-P-11b被认为是一个炎热的类海王星世界，而GJ1214b则通常被视为一个温暖而拥有大量气体的超级地球：它有一个庞大而蓬松的大气层，让这颗岩石行星

---

① 围绕K型恒星HAT-P-11运行的行星，位于天鹅座，距离地球123光年。

② 围绕红矮星GJ 1214运行的行星，位于蛇夫座，距离地球40光年。

显得比其真实块头要大（也因此让它的密度显得更低）。

然而，关于这两颗行星的大气层，我们都知道些什么呢？我们通过哈勃空间望远镜上的 3 号广域相机对它们进行观测：相机的观测时间经过设定，可以在它们掠过各自母星前方时捕捉到它们的身影。由此得到的光谱图像分辨率很低，也不够清晰。只有在最好的条件下，才有可能分辨出其中较宽和较强的吸收特征。尽管有这些局限，对 HAT-P-11b 的观测结果仍然显示出宽广的水蒸气吸收谱线，表明其大气层含有丰富的水蒸气。与之相较，对 GJ1214b 的观测结果则既令人困惑，也令人恼火，而且两者程度不相上下：这颗行星的大气层光谱图像单调而缺乏特征，意味着它的大气层云雾浓密，导致其母星射来的光线大部分被反射掉，而不是从大气层中穿过。

我们总想让自然界拱手把新的知识交给我们，而结果大概总是像上面这样。仅仅是通过对行星凌日的光谱分析来获取对行星大气层的匆匆一瞥，就已经让我们付出了大量努力，也让我们目前拥有的望远镜将其能力发挥到了极限。每一次个别的成功（比如对 HAT-P-11b 和 GJ1214b 的观测）都只能显示出一小片拼图，而整个谜题则要大得多：大气层如何随着行星的质量、温度和成分而变化？在这堆被搅乱的拼图碎片中间，也许隐藏着一些关于某个行星上是否存在生命的渺茫线索。然而，我们要如何才能辨认出这些少得可怜的线索？如何能从一片大海中找到那根细针？

洛夫洛克的梦想：我们能在地球2号上找到生命吗？

要明白我们是否能在一颗系外行星上探测到生命，我们需要回到詹姆斯·洛夫洛克提出的一个观念：大气层是一个化学系统，可能在外星生命的生物化学过程中发挥作用。它可能是食物的来源，就像地球大气层中的二氧化碳被光合植物用来制造葡萄糖一样。它也可能是新陈代谢废料的垃圾场，就像地球大气层接受了同一类光合植物排出的氧气和反刍动物消化系统中的古生菌排出的甲烷。无论行星表面的生命采用什么样的生物化学过程，都会对大气层做出改造，往里添点什么，再拿走点什么，至少在地球上是如此。

不过，让我先问你一个算是有意刁难的问题：哪种分子才有资格被称为"生命分子"？是DNA吗？也许应该是RNA？那叶绿素呢？或者那些类似氧气和甲烷的物质分子呢？我似乎已经听到了你们的抗议声：为什么要挑出一种分子？这个问题几乎等于是在问哪种化学元素与生命关联最紧密。是碳？还是氧？其实并没有哪一种元素明确而独一无二地只与生命发生联系，而与其他东西无关。

那么，请再让我问上另一个与此相关的问题：为了确认一颗系外行星上的生命存在，我们应该在其大气层中寻找什么分子？如果你继续先前那种非常合理的抗议，那么答案应该是：我们不应该只搜索某一种分子，没有哪一种分子能造成一种明确的生物印记。

难道大气中的氧气也不行吗？我在前文中是否曾经主张分子态氧的存在是一种强有力的生物印记？假设我们的行星发现之旅终于让我们找到了地球 2 号——一颗围绕某个类日恒星运转的类地行星。还可以更进一步：假设从凌日光谱分析中我们得知这个行星的大气层中含有丰富的氧气，比如 20% 左右。这能让我们得出这个新地球上存在生命的结论吗？关键就在这里。在天体生物学意义上，这的确会是一个非常诱人的发现，但它是否足够明确呢？我并不想扫兴，但答案却是否定的——这不足以明确表示这颗行星上存在生命。没错，氧是一种非常活跃的分子，几乎能与它遇到的一切元素发生反应。在大气层里发现氧气就意味着某种不平衡的存在——氧气的产生速度比消耗速度更快。许多非生物过程都能产生分子态的氧，不过在我们知道的大多数情况下，这些氧会很快与其环境发生反应，形成新的化合物。也许我们不愿去考虑非生物过程的可能性，但现实仍然不会改变：关于系外行星大气层中氧气的角色安排，大自然的手段无穷无尽；而在当前这种几乎完全无知的状态下，我们对这些手段的认识接近于零。

这就是我们目前面临的问题，并且问题没有那么容易回答。我们只能采取另一种方式：在了解生命可能发挥的补充作用之前，我们必须在整体上了解系外行星的大气层。非生物性的过程（比如火山活动、光化学反应和表面反应等）会造成什么样的效果？我并不太愿意将这些过程称为"寻常的"化学过程，尽管它们很可能在我们将要研究的大部分系外行星上都占据着统治地位。正如我们之前多次认识到的一样，天体生物学家面临的挑战是对系外行星大气层的化学性质进行再度检视，并从中找到不符合规律的例外情况。然而，哪些检测结果无法被已知的物理化学解释呢？这些结果是指向某些此前被我们忽视的、罕见的然而仍是非生物性的化学反应，还是表明我们最终发现了一个有生命活动的大气层的踪迹？

未来依然光明

好消息是：系外行星在天文学中和在天体生物学中同样重要，因此在系外行星研究方面从不缺少新颖而令人兴奋的想法。也许没有哪一个探测器能为我们带来与"开普勒号"一样惊人的冲击，但我们仍有不少项目值得期待。

其中最具野心的项目之一是"开普勒号"顺理成章的继任者——PLATO[①]（行星凌日及恒星振动观测计划）。这颗人造卫星将由 32 部相机组成，每一部各自对天空的一部分进行观测。"开普勒号"只关注一块面积为 105 平方度的视野，PLATO 的视野却分为两块，共计 4 500 平方度，也就是整个天空的 10% 多一点。项目的主要目标是：运用"开普勒号"使用的凌日法，找到多至 20 颗环绕类日恒星运行的类地行星。也许这在天文学里听起来不像是个大数字，但是别忘了：目前我们还没能找到一颗真

① PLATO，"行星凌星及恒星振动"（Planetary Transits and Oscillations of Stars）的简称。

正意义上的、环绕类日恒星运行的类地行星。除开这些被高度重视的系外类地行星，PLATO将发现的行星总量也会达到"开普勒号"所发现数量的大约40倍。那是超过10万颗行星！为此它也赢得了本书中最实至名归的惊叹号。最关键的是，PLATO是一个已经获得欧洲航天局资金支持的项目，预算约为5亿欧元。其预计发射时间不晚于2024年，探测器的预计工作寿命则为6年。尽管我们只有等到2030年才能完全领略那幅关于系外行星的宏伟图景，我个人却相信值得等待。

不想等上那么久？那么也许你在等待期间会对TESS[①]感兴趣。TESS就是NASA的凌日系外行星巡天卫星，属于"探索者"级任务[②]，计划于2017年发射。在其为期2年的工作期间，TESS将执行一项令人惊叹的任务——在整个天空中超过50万颗最亮恒星身上寻找行星凌日现象。很明显，这不是能一口气完成的任务。TESS将用4台相机组成的阵列对天空的每个部分进行为期27天的观测。人们预计它将探测到多达3 000颗大小不同的系外行星，其中最小的将是围绕低质量的M型恒星运转、尺寸与地球相近的行星。跟PLATO预计将发现的10万颗系外行星比起

---

① TESS，凌星系外行星巡天卫星（Transiting Exoplanet Survey Satellite）的简称。事实上，它在2018年4月19日发射。

② "探索者"级任务（Explorer-class mission），美国持续时间最长的航天计划，迄今已有90余次任务发射，其中最早的"探索者1号"于1958年1月31日发射升空。

来，TESS 的目标也许显得有些不起眼，但对于围绕天空中每一颗明亮恒星运行的所有短周期凌日行星，TESS 都将捕捉到它们的特征。别忘了，这些距离我们不远的亮星以及它们的行星正是系外行星光谱分析的目标。并且，TESS 也是一个已经获得资金支持的项目，其预算为 2 亿美元。要满足你迫不及待发现新系外行星的心情，TESS 绰绰有余。

关于系外行星的精彩想法多到令人望洋兴叹，我在此无法一一列举。在 30 米直径陆基望远镜的建设方面，我们已经迈出了第一步。尽管空间望远镜在观测条件方面有稳定性和连续性的优势，但眼下能被我们装上火箭的望远镜的大小终究有限。陆基望远镜则可以建造得非常巨大。目前的巨型望远镜口径最大可达 10 米，其收集光线的能力无与伦比。如果我们要将凌日光谱分析法的作用发挥到最大，这一点就至关重要。一台 30 米口径的陆基望远镜某些方面的能力甚至能超过哈勃空间望远镜的继任者——6.5 米口径的詹姆斯·韦布空间望远镜[①]。

现在，对每颗系外行星的母星所发出的光芒，我们有什么处理办法了吗？在所有关于系外行星的探测项目里，最大胆的也许是向太空中发射一个巨大星光罩的计划。这个星光罩的轮廓如同一朵直径数十米的巨型向日葵。它将被发射到空间望远镜（比如詹姆斯·韦布望远镜）前方 14 万千米的位置。在晴天里，如

---

① 詹姆斯·韦布空间望远镜（James Webb Space Telescope），NASA 建造中的太空望远镜，计划于 2020 年发射。

果你用手遮住太阳，就能把远方的物体看得更清楚。这个纤薄得如同花瓣的星光罩的工作原理与此类似：它的作用是阻挡所有来自目标行星母星的光线，包括那些在星光罩边缘发生散射的光线。这样制造出来的人工星蚀能让系外行星从其母星的光芒中显现出来，被我们直接观测。

在这一章开初，我们走出家门，惊叹于夜空中的星辰，并思索它们是否各自拥有不为我们所知的行星系统。这小小的猜想如今已经得到了满意的回答——已经可以确认：我们这个系统只是数之不尽的亿万行星系统之一。

身为天体生物学家的我们已经提出了这些世界上是否可能拥有生命的问题，也已经讨论过面对这样宏大的难题我们应该如何尝试解答。即便是最近的系外行星，与我们之间的距离也遥远得不可思议，而且每一颗都被淹没在其母星的夺目光芒中。然而，我们仍然在类地的和类海王星的两种世界中都窥见了大气层存在的第一条证据。尽管还有太多问题有待回答，我们至少已经认识到：大气光谱分析法正是揭开系外行星生命之谜的那把钥匙。这个特别的故事才刚刚开场，我期待更多的惊喜，也同样期待更多的秘密。

系外行星的发现让我们得以想象生命遍布夜空中每一颗星辰的画面——那是星际空间中的一座座生命孤岛。生命究竟是什么？对于这个问题，或许每一座孤岛都代表着一个不同的答案。然而还有另一种可能：也许我们能从不同的生命谱系中找到一些相似之处，甚至发现它们是由同一种丝线织就。

　　一些天文学家和天体生物学家提出了更为大胆的猜想：智慧生命（但愿人类算是其中一种）是否在星际空间中也随处可见呢？对地外智慧生命的搜寻将我们带进了一片充满不确定性乃至争议性的深水区，不过它仍在科学的领域之内。

注释

i　想一想就能明白：即使用多普勒摆动法，这种行星系统仍然难以探测。在这种正面我们的行星系统中，其恒星的运动方向会垂直于我们的视线。而只有恒星在我们视线方向上的运动分量——即所谓径向分量——才能产生星体径向速度法能探测到的信号。

ii　它们是（让我先喘口气）：正四面体（包含4个等边三角形）、立方体（6个正方形）、正八面体（8个等边三角形）、正十二面体（12个等边三角形），还有正二十面体（20个等边三角形）。每一个都是几何学者和《龙与地下城》游戏爱好者的宝贝。

iii　准确地说，牛顿证明的是 $P^2=[4\pi/G\,(M_{恒星}+M_{行星})]a^3$，但 $M_{恒星}$ 通常远大于 $M_{行星}$，因此我们可以忽略 $M_{行星}$。（P 为行星公转周期，G 为万有引力常数，$M_{恒星}$ 为恒星质量，$M_{行星}$ 为行星质量，a 为行星轨道半长轴的长度。——译者注）

iv 这就是科学家们所说的五标准差（five sigma）限制。在这个精度下，某个测得信号来自随机噪点的可能性为 1/3 500 000。

v 这个词中，photo- 为表示"与光有关"的前缀，metry 表示"计量"。

vi 也许他们从开普勒本人的遭遇中受到了鼓舞。在研究基于柏拉图多面体的公转轨道体系时，开普勒曾向符腾堡公爵写信，希望得到资助以制作一个物理模型。他在信中赞美了这个模型在数学和物理学上的美丽，并提议用珠宝对它进行装饰，以作酒杯之用。公爵的秘书不为所动，回信表示：这个想法很吸引人，不过他们怀疑其建造的可行性，并提议开普勒先用纸制作一个替代品。这种做法得到了各种科学资助机构的效仿，直到今天。

vii 我们可以根据表面温度的不同对恒星进行分类，并将每一类用 O、B、A、F、G、K 和 M 中的一个字母来表示。最热的是 O 型恒星，最冷的则是 M 型恒星。事实上，这个排序与按照亮度和质量进行的排序紧密相关：O 型恒星质量最大，也最亮，而 M 型恒星则是普通恒星（或称主序星）中质量最小、亮度最低的一类。

viii Google 告诉我可以用"五花八门的行星"（a quincunx of planets）这种说法，但这个风格对我来说太过哈利·波特化了。同一个网页还告诉我说适用于教授们的集合名词是"自命不凡的一伙"（a pomposity）。这样看来，它给出的这些说法倒还不算毫无道理。

ix 凌日时间变分法（transit timing variations，简称TTV）观测多行星系统中行星之间相互引力作用对其轨道的影响，从而测得行星质量。简言之，行星从其母星前方掠过的周期会有轻微的变化，这是由于它在运行中被其兄弟行星向前或向后牵动。

x 《活在祈祷中》，来啊，一起唱！［《活在祈祷中》（*Livin' on a prayer*）是美国摇滚乐队Bon Jovi的著名单曲。此处作者的用意是讽刺Bon Jovi音域太窄，歌声类似窄频无线电信号脉冲。——译者注］

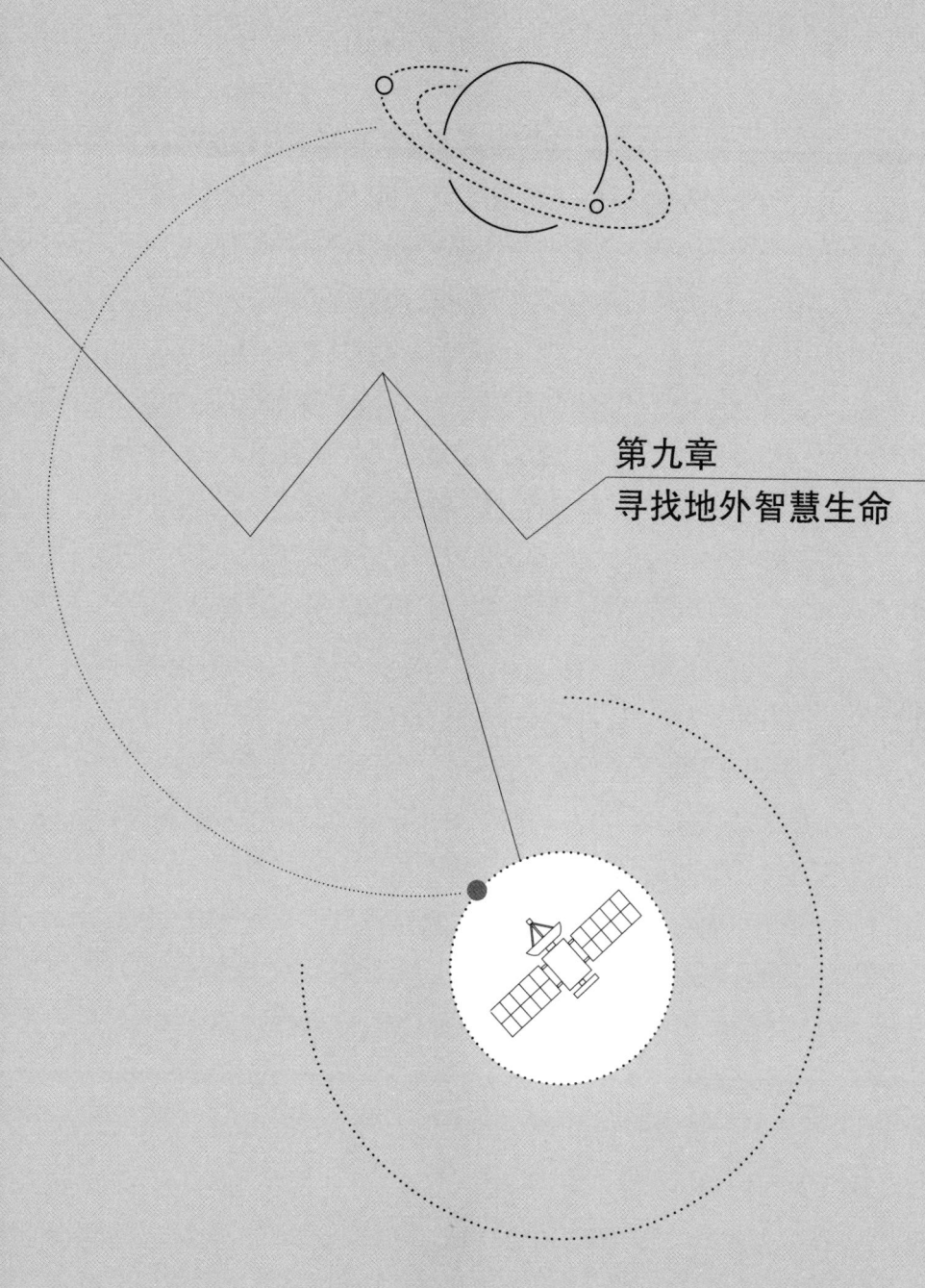

第九章

寻找地外智慧生命

啊哈，地外智慧生命搜寻计划（SETI），我们终于又见面了。没有哪一个天体生物学话题能像SETI一样，能将科学家及其资助者们的观点分为截然两派。它很可能也是天体生物学中最能俘获公众想象力的工作。

在我们习惯收听的各个地球无线电台之间，隐藏着一个噼啪作响的静电世界。这种嘶嘶不停的噪音混响是地球、太阳、其他行星乃至更遥远宇宙空间的无线电物理活动共同发出的声音。在这些起伏不定的无线电波中，是否会出现某种隐藏的非自然信号呢？比如简单的"嘟嘟、嘟嘟、嘟嘟"？

在第二次世界大战后那个伟大的科技时代中，一代年轻的无线电天文学家成长起来。正是他们深刻地意识到：我们已经拥有了对无线电信号进行远距离广播和接收的双重能力，甚至可以超过银河系的范围。而且，既然我们这个还相当稚嫩的技术文明都发展出了在如此遥远距离上的通讯能力，那么地球之外是否还存在着其他具有通讯能力的文明呢？星际电波中是否充满着寒暄之声？我们能否学会如何倾听？

对具备通讯能力的外星文明的搜寻尝试乃是一次飞跃，超越了我们在地球之外搜索初等生命的小小努力。在本书此前的章节中，我一直主张我们与外星生命的首次邂逅更可能是微生物级别的接触，而非智慧的交流。我们一直将注意力放在对新陈代谢活动或生物化学结构的基本检测上，以求发现最初级形态的生命。现在，我们要将目光转向更高远、更具技术性的目标——搜寻最高等形态的生命。

遥望千万光年之外

1959 年，《自然》杂志刊出了一篇相当不寻常的文章，它位于一篇讨论蜂群的文章和一篇讨论辐射对红细胞的影响的文章之间，却有一个令人意想不到的题目——"星际通讯探索"。在这篇长度仅为两个双栏页的文章中，朱塞佩·科科尼和菲利普·莫里森描述了一种理论框架，而这框架在接下来的 50 年中几乎为每一个 SETI 项目所遵循。

科科尼和莫里森意识到：无线电技术提供了在恒星之间进行信号广播的可行办法，因此成为一种有力的工具，可以用来辨识拥有发达技术水平从而必然拥有智慧的外星文明的存在。

射电望远镜既可以发送信号，也可以接收信号。如果我们从地球向太空发射一个强信号，数十光年乃至数百光年外具有相似能力的外星望远镜就能收到它，并识别其中的电子信息。无线电波实际上就是长波光子，能以光速前进。因此，这样的通讯交流尽管不会太快，但至少有可能在一个人一生的时间内完成双向交流。

然而，仅仅是电磁波谱中的无线电波段，其频率范围就已经大到让搜索变得难以想象。我们能把这个范围变得窄一些吗？科科尼和莫里森将他们的注意力集中在 1 420 兆赫这个频率。这一频率与宇宙中含量最多的氢元素联系紧密。氢原子遍布整个银河系以及我们已经观测到的每一个星系，只是浓度多少的区别。氢原子结构的一种细微改变——其激发态的变化——会释放出一个小小的光子，而这个光子的频率正是 1 420 兆赫。天文学家还知道这个辐射的波长，将之称为氢 21 厘米辐射。类似剧场观众在演出期间调换位置，各星系中的氢气原子在原子间碰撞的作用下不断改变它们的激发态，从而释放出一种柔和的、波长为 21 厘米的无线电波辐射。

因此，氢元素似乎成了一座无处不在的光谱灯塔，为任何通过无线电波观察夜空的人所熟悉——不论观察者是人类还是外星人。此外，1 420 兆赫还位于电磁波谱中的一个干净波段，其中来自本星系的无线电背景噪声相对平静。后来的天文学家们将电磁波谱中的这一部分称为"宇宙的酒吧"：在无线电波的天空中，有一小片整洁的地方，波长 21 厘米的灯塔在那里独自矗立，为分布在这个星系各个偏远角落的文明提供了一个聚会和交流的理想去处。

和我们一样？

在过去 50 年中的几乎所有 SETI 项目中，在 1 420 兆赫附近对单个恒星和天空中成片区域进行无线电搜索都是常用的方法。不幸的是，所有这些 SETI 搜索从一开始就为一个相当明显的问题所困扰。科科尼和莫里森提出的论证同样可以用另一种方式表述：外星人会使用射电望远镜，因为我们会这么干；外星人会以 1 420 兆赫左右的频率进行广播，因为我们会这么干；外星人会向类日恒星发送广播，因为我们也会这么干。

看起来，我们未免过于了解外星人会怎样向宇宙传达自己存在的消息了。之前我们也遇到过这种论证，它们被称为人类中心主义，假定人类在宇宙中占有某种特殊地位。在过去的几个世纪中，人类中心主义饱受打击。我们不再是太阳系的中心，不再是银河系的中心，也不再是宇宙的中心。那么，我们关于星际通讯的想法又如何能在任何意义上特别重要或者独一无二呢？对此，直截了当的回答是：我们的想法并不特别重要，我们只是愿意相信它们特别重要。尽管我不期待在短时间内发生一次 SETI 接触，但我的理智（也可以说是我的愿望）告诉我：如果我们真的收到了一条消息，那只会是对人类中心主义的另一次打击。

　　尽管面临着这些疑问，SETI仍然在我们的想象力中激起了强烈共鸣。也许更合适的结论应该是：我们寻找外星文明，因为我们有能力如此，因为这种行动趣味无穷。此前我已经请你们留意了这样一个事实：与我们尚未想到的各种可能性相较，目前我们在宇宙中搜寻生命的一切努力——无论复杂的还是简单的——都是有限的。我们只能从自己所掌握的有限资源出发。最早意识到这一点的天文学家和天体生物学家就包括科科尼和莫里森。

　　也许SETI是堂吉诃德式的和人类中心主义的，但与别的搜寻工作（比如在所谓宜居系外行星上探测初等生命）比起来，SETI的出发点是否不够可靠呢？这个问题似乎不容忽视，尤其是在两种搜寻计划正在为资源展开竞争之时。我打算以一种传统的方式，用另一个问题来回答它：我们对地外智慧生命的搜寻已经长达50年，是否有人思考过我们成功的机会有多大？

德雷克公式

　　1961年，也就是科科尼和莫里森的历史性文章发表之后仅仅两年，一次小型的会议在西弗吉尼亚的绿岸①望远镜基地举

---

① 绿岸（Green Bank），位于美国西弗吉尼亚州。美国国家射电天文台在此设有世界最大的100米口径全可动射电望远镜——绿岸望远镜。这台望远镜从1991年开始建设，用以替代建于1962年并于1988年垮塌的前代绿岸望远镜。

行。会议的主题正是SETI，与会者仅有 10 个人，来自神经科学、化学和天文学等五花八门的学科，其中有菲利普·莫里森，还有年轻的卡尔·萨根。这些先行者们聚在一起，可能对我们在本书中提到的许多想法都进行了讨论。

天文学家弗兰克·德雷克[1]也参加了会议。此前他刚刚利用绿岸望远镜完成了奥兹玛计划。这是人类对外星无线电广播的第一次探测尝试，探测目标是鲸鱼座τ[2]和波江座ε[3]这两个恒星系统。为了概括当天会议的主要议程项目，即需要何种知识才能判定银河系中具备通信能力的外星文明数量，弗兰克在黑板上写下了一个看似简单的公式。

$$N=R_* \times f_p \times n_e \times f_l \times f_i \times f_c \times L$$

这个公式中包含的想法需要用相当长的一句话来解释：当前银河系中具备通讯能力的外星文明的数量（N）等于新恒星诞生的速率（R_*）乘以拥有行星的恒星所占比例（f_p）乘以平均每颗恒星所拥有的类地（或宜居）行星数量（n_e）乘以这些行星上发展出生命的可能性（f_l）乘以这些生命中发展出智慧生物的可能性（f_i）乘以这些智慧生物发展出通信技术的可能性（f_c），最

---

① 弗兰克·德雷克（Frank Drake），美国天文学家和天体物理学家。他在 1960 年完成首次 SETI 实验，即下文中的奥兹玛计划（Project Ozma）。

② 鲸鱼座τ（Tau Ceti），中文又称天仓五，是鲸鱼座的一颗在质量和恒星分类上都与太阳相似的恒星，距离太阳系不到 12 光年。

③ 波江座ε（Epsilon Eridanus），中文又称天苑四，是波江座的一颗恒星，距离太阳系约 10 光年。

后还要乘以此类文明的寿命（L）。

我已经说过这个公式只是看似简单，但它同样也只是看似难解。从左边开始，我们可以往公式里填进那些我们相对清楚的数字。银河系中恒星诞生的速率就是一例——大约为每年 4 颗类日恒星。考虑到大部分新生恒星的质量都比太阳要低，我们还可以让这个数字变得更精确一些。然而，当我说某个数字我们相对清楚时，我的意思很可能是：真实的数据不会超过这个数字 100 倍以上，也不会低于这个数字的 1/100。

这已经算得上是好消息了。当我们从公式的左边向右推进，我们对公式中每一项的了解程度也会急剧下降。事实上，当涉及某个具有通讯能力的文明的寿命问题时，我们能给出的最佳答案只能是大于 80 年（这正是从我们发展出通讯能力到现在的时间）并很可能小于宇宙年龄。在这样的上下限之间，你我无论谁来瞎猜都没有区别。由于存在着这样巨大的认识空白，德雷克公式受到了许多批评。这是因为，无论谁来尝试用它算出具备通讯能力的文明数量，其努力最终都会毫无指望地淹没在大量猜想之中。

SETI 和德雷克公式的支持者们往往声称：弗兰克·德雷克在 1961 年的那一天最初写下这个公式，只是为了总结当天的会议议程。从这个意义上说，这个公式可以被视为一张科学心愿清单。也就是说：如果我们需要对找到具有通讯能力的外星人的可能性进行量化，这些就是值得我们深入研究的领域。德雷克公式的批评者则将火力集中在公式中各个巨大的未知数上，并进一步质疑这些数值有任何被计算出来的可能性。

　　那么，谁才是正确的一方呢？SETI所采用的方法是否在根本上就是有瑕疵的？或者更糟——根本就是不科学的？简单的回答是：并非如此。德雷克公式是一个揭示了我们无知到相当程度的有效科学陈述，实际上它反而是太过有效了。此外，银河系中具有通讯能力的文明的数量取决于许多因素，而在对这些因素进行量化时，德雷克公式能够成为也应该成为一种有力的工具。我们不应该用闪烁其词的论证来回避这个问题。如果我们找到此类文明的愿望是严肃的，就得完全真诚地面对自己的无知，并开始拓展我们的知识以填补那些空白。没错，就当前而言，我们关于公式中部分因子的知识的确是一片空白，但这并不意味着这些因子不重要，或是不可能被搞清楚。

　　以"开普勒号"的成功为例，要将"开普勒号"的系外行星发现置于更广的图景中，办法之一正是认识到这一事实：在第一颗系外行星被发现以来的20年中，关于f_p（即恒星中拥有行星者的比例）我们已经有了较为确定的知识。人类仅用了20年就取得了这样的成绩，这已很让我意外了。宏大问题的解决需要足够的时间和艰苦的努力，在将一个大问题分解为多个更容易攻克的小问题这一点上，德雷克公式是一种相当有效的办法。

　　在你看来，德雷克公式中哪一个因子才是最重要的呢？我认为：最重要的永远是右边的下一个，也就是刚好超出我们当前知识范围的那个因子。鉴于当前我们对德雷克公式中各变量的了解，下一个未知数是每颗恒星拥有的宜居行星数量。"开普勒号"已经给出了对这个数值的初步估算，而TESS和PLATO还将进一步优化这一估算结果。

我们还可以往右多走一步，思考一下宜居行星中发展出生命者的比例。这可是一个大问题，甚至可能是最大的一个问题，因为我们若是想在德雷克公式中继续向右前进，首先得在地球之外找到生命。所有天体生物学家都必须面对这个问题，不论他们是在泰坦上寻找生物泥塘还是等待鲸鱼座 τ 的外星人发出一条推文，他们成功和失败的概率都可以用同一个德雷克公式来表达，不过这个公式多少要在原版的基础上削短一些。

就我个人而言，哪怕是只能够理解德雷克公式中那些指向初等生命的项，就足以让我喜出望外，更不用说对来自外星的推特新粉丝的可能数量进行量化了。然而，虽然在宜居星球上发展出生命者的比例还是一个彻底的未知数，却没有人会因为这一点去指责别的天体生物学分支。事实上我们完全可以承认：在地球之外寻找初等生命的努力之所以如此激动人心，正是因为问题正是如此宏大而又充满未知。

没错，应用于SETI的德雷克公式走得更远，要求我们做出更多的、很可能是高度人类中心主义的假设。但是，弗兰克·德雷克在写下这个公式的时候，他所遵循的却是良好的科学惯例。

通过这个公式，他提出了一系列深刻的问题，而这些问题的答案对我们而言，至今几乎仍是一团迷雾。如果我们因此抱怨，就未免太对不起德雷克了。德雷克在1961年设定的这些议题在今天仍然没有过时，并且对天体生物学的整体图景进行了简洁有力的表达。

意外之喜[①]

那么，一种SETI搜寻应该是什么样的？我们应该如何"收听"来自远方外星人的信号？目前最具雄心的一项SETI实验叫作SERENDIP V，即"近地外发达智慧群落无线电波搜寻计划"的第5版。这个项目由加州大学伯克利分校的天文学家们共同开展，并通过巧妙配置使用位于波多黎各阿雷西沃（Arecibo）的那台305米口径的巨型射电望远镜。

阿雷西沃望远镜是天文学世界的一个奇迹，其球面形状的反射面并非放在一张可转动的支撑碟上，而是建于当地山丘间一个自然形成的凹陷处。与所有射电望远镜一样，阿雷西沃望远镜的反射面并非你我所熟悉的那种镜面，而是由组成网格的铝板构成。从承载着电波射向反射面的光子的角度看，这张网正好形成

---

① 意外之喜（Serendipity），意为"机缘巧合，意外发现有价值的事物"，与"近地外发达智慧群落无线电波搜索计划"（Search for Extraterrestrial Radio Emission from Nearby Developed Intelligent Populations）的缩写SERENDIP相近。

一个连续的反射面。

要如何将这台望远镜指向天空中的某个特定区域呢？接收器就高悬在望远镜的焦点位置，即反射面上方 150 米处，并安装在一个重达 900 吨的平台上。只要移动反射面上空这个平台的位置，就能对接收器的天空视野做出轻微的调整。剩下的就交给地球的自转来完成。这样一来，阿雷西沃望远镜大概能够观测整个天空的 1/4 区域。

SERENDIP 实验的观测是通过"搭便车"的方式在阿雷西沃望远镜上完成的。SERENDIP 的探测器与望远镜的主接收器平行运行，因此能抽取到数据，同时又不影响天文台的主要科学观测任务。以这种方式，SERENDIP 几乎可以不间断地对天空进行观测，它的扫描频宽为 200 兆赫，以 1 420 兆赫为中心。

SERENDIP V 以每秒上千兆字节的速度收集数据。在这样不间断的数据洪流中寻找智慧生命发出的信号是一件令人生畏的任务，好比要在一场无休无止的大丰收中将麦粒从秕糠里筛出来。SERENDIP V 的大部分数据处理工作都在设备内部的电子元件中完成，只有可能有价值的信号会被保留下来以待详细分析。如此巨量的数据处理需要庞大的计算资源。一个富于创造力的 SETI 天文学家团队由此在 1999 年踏上了一条激动人心的新道路。

我猜大部分人都没有听说过 SERENDIP，但我相信你一定知道 SETI@Home①。它将 SERENDIP 得到的数据的一部分（频宽只有 2.5 兆赫，以 1 420 兆赫为中心）分成小块，分配给公众计算机进行处理（这些计算机的主人自愿报名为此做出贡献）。在项目成员的计算机上，交互工作由一个计算机屏幕保护程序式的软件包来进行。在无所事事时候，你完全可以看着那些数据一点一滴地被处理，并且可以坐等那道巨大的红色闪光突然亮起。[i]自其于 1999 年启动以来，SETI@Home 项目已经吸引了超过 800 万人参与，并一直作为最强大的超级计算机之一运行至今。

截至目前，我们尚未从任何 SETI 搜索行动中得到确定来自地外文明的信号。然而，正如每一项天文学研究中的情况一样，我们需要考虑的是本该发现的东西。那么，我们的观测敏感度有多高？最简单的办法是假定外星人使用的设备和我们的一样，也是一台 300 米口径的射电望远镜，可以发送总功率相当于 1 兆瓦的信号。在这种思路中，当前 SETI 搜索敏感度的问题就可以转化为我们能在多远距离之外探测到这样一个信号的问题。就整个 SERENDIP V 来说，我们的探测距离大约是 100 光年；就 SETI@Home 所处理的那一小部分数据而言，探测距离则是前者的 3 倍左右。

以地球为中心，以上述距离为半径的球形空间中，一共有大约 15 000 颗恒星，其中大部分（G 型、K 型和 M 型恒星）都比我们的

---

① SETI@Home，全称 Search for ExtraTerrestrial Intelligence at Home，即"在家搜寻外星智慧"，是一个通过互联网利用家用个人计算机的多余处理器资源来处理天文数据的分布式计算项目，由加州大学伯克利分校的空间科学实验室主持。

太阳要小。这个数量当然不算少，但还没有大到天文数字的程度。如果向外广播信号的外星文明数量是天文意义上的稀少，那么我们在探测到一个信号之前恐怕还要熬过漫长的时间。当然，如果外星人拥有更强大的设备，我们就能在更远的距离外探测到他们。不过，与SETI的其他许多方面一样，我们还不能妄下断言。

SETI@Home项目的重要性远远超出了为SETI日常搜寻提供帮助的范畴。通过直接吸引公众的参与，SETI团队得到的也不仅仅是计算能力。正如我在前文所言，SETI是一项具有坚实科学基础的实践，而任何能吸引超过800万人参与的科学项目都只可能是一件好事。各位SETI@Home的用户，在此我要向你们致敬！

拔掉插头

现在我们要谈到一个更微妙的话题。想象一下，假如作为一名科学家的我某天出现在你的家门口，说我有一台仪器可以测量某个新的重要物理效应，然后请求你付一些钱来进行一次实验，你会如何回答？我是不是说过这里会有一个问题？我并不知道我的实验得到结果的可能性有多大，可能很快，也可能永远得不到。如果这笔费用不是太高的话，我猜你也许会说：好吧，让我们来试一次看看。

于是我们着手实验，却没能找到任何东西。然后我再次找到你，向你请求更多的钱以再次尝试。也许我会说自己有了一台更好的探测器，但仍然无法告诉你这次实验测量成功的概率，你还会继续出钱吗？抑或会在某个时刻做出判断，认为我们将一无所获？

你应该能看出我想表达什么意思了。我还可以继续请求人们为此捐钱。想一想吧，这样的论证是否不仅适用于SETI，也适用于以火星为目标的"海盗号"任务。从两个"海盗号"探测器的生物实验室所进行的那些实验中，我们都有哪些收获？与实验设计者的期望相反，在进行测试的两个地点，我们没有发现以生物化学方式进行活动的生命形态。

NASA对此的反应是什么呢？它是否继续申请资金建造两个新的"海盗号"着陆器，在它们上面配备与前两次基本相同的设备，然后把它们送往火星表面的类似地点？NASA并没有这样做，而是意识到有关火星生命的问题太过复杂，无法在一次行动中解决。于是NASA选择了另一种方式，将注意力集中到其未知列表中的其他问题上：决定火星土壤化学的因素是什么？过去火星上的液态水都发生了什么？现在火星上还有液态水吗？NASA修正了自己的方法，提出了不同的问题。其直接结果则是它开始向我们提供各种关于火星，关于火星作为生命栖居地之可能性的宝贵信息。

如果我们一直无法收到任何信号，关于那些具备广播能力的外星人我们能了解到些什么呢？对SETI最深刻的批评或许是：我们无法在对高等生命的继续搜寻中了解到任何东西，除非我们对德雷克公式中那些阻碍我们的未知数有了新的认识，或是改变我们的实验方法。花掉科学经费，没有找到目标，但是了解到新的知识，这仍然是有价值的工作。然而，花掉经费，没有找到目标，同时也没有学到任何新知识，那就是不可接受的。为NASA的SETI项目提供的公共资金支持在1995年被取消。自此以后，SETI搜寻就一直在资金困境中步履维艰。它在私人和企业的捐助下生存了下来，却一直谈不上兴旺。

手机上的SETI@Home

如果SETI是你最珍视的天体生物学项目，你也不用担忧，因为总会有惊喜出现。2015年7月20日，科学资助人尤里·米尔纳[1]宣布向"突破聆听"计划提供1亿美元的资金。与他共同发起这个计划的有斯蒂芬·霍金[2]、马丁·里斯[3]（英国皇家天文学家）、杰弗里·马西[4]（杰出的行星发现者），当然还有弗兰克·德

---

[1]　尤里·米尔纳（Yuri Milner），生于1961年，俄罗斯企业家、风险投资者及物理学家。2015年，米尔纳与众多科学家共同发起为期10年、旨在寻找地外智慧生命的"突破计划"（Breakthrough Initiatives）。"突破聆听"（Breakthrough Listen）是这个计划的一部分。

[2]　斯蒂芬·霍金（Stephen Hawking，1942—2018），英国著名物理学家与宇宙学家，曾任剑桥大学理论宇宙学中心研究主任。

[3]　马丁·里斯（Martin Rees），生于1942年，英国著名理论天文学家、数学家、前英国皇家学会会长。他自1995年开始担任英国皇家天文学家至今。

[4]　杰弗里·马西（Jeoffrey Marcy），生于1954年，美国天文学家，曾任教加州大学伯克利分校（后因性骚扰被开除），以发现最多系外行星而闻名。

雷克。在米尔纳的帮助下，SETI的梦想似乎就要变成现实了：它将从位于绿岸和帕克斯①等地的射电望远镜订得观测时间，用以进行SETI搜寻，并且新搜寻工作的全面程度将达到此前各种尝试的 500 倍左右。

他们会成功吗？我想你现在应该能理解我所说的"你我无论谁来瞎猜都没有区别"并非一句玩笑，而是对我们目前盲目地承认：关于具备通讯能力的外星智慧生命的各种可能性，我们在科学上还相当无知。如果你已经是SETI@Home的参与者，那么也许你应该考虑对你的电脑进行一下升级，以应对新的数据洪流的分析需求。此外，SETI@Home现在还有了SETI@Phone版本，提供在你的手机夜间充电时让它进行数据分析的应用程序。会不会有成百万的新公众科学家加入SETI的队伍呢？但愿如此。

鉴于本章中谈到的那些保留态度和批评之声，也许你会奇怪为何SETI能成为我的首选 5 种外星生命发现可能性之一。怎么说呢？在我每天夜晚上床睡觉的时候，我大脑中的一小部分总会发问："万一呢？"万一明天当我醒来，打开BBC（英国广播公司）新闻网站，眼前满满一页都是我们与外星人成功接触的消息，我会感到震惊吗？嗯，震惊是当然的，然而这样的新闻会是不可能的吗？显然不是。在此我要把科科尼和莫里森的那句话换一个说法：正因为我认为成功的可能性很低，我才相信SETI的

① 帕克斯（Parkes），位于澳大利亚新南威尔士州。帕克斯射电望远镜天文台位于此地。

基础观念是正确的。

那么，我会把那想象中的40亿美元花上一些来支持SETI项目吗？在我们向德雷克公式中的右方更进一步之前，我不会。但当别人利用私人资源来支持SETI时，我会为此感到高兴吗？没错，我会祝他们好运。

注释

i　很可惜，目前版本的SETI@Home中已经去掉了这个功能。

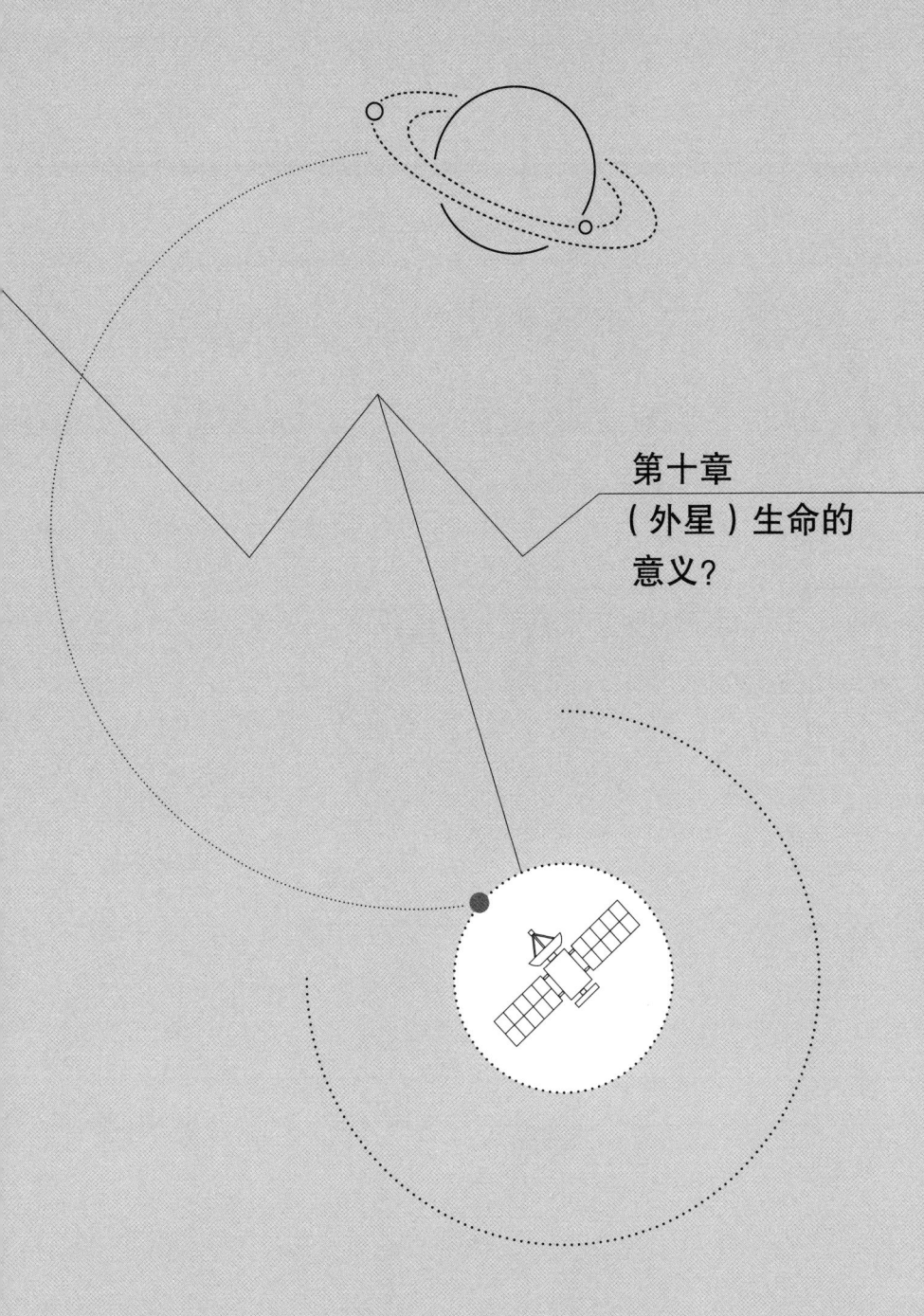

第十章

（外星）生命的

意义？

我在本书开篇曾提出一个问题：既然我们从未探测到外星生命的存在，为何人们还会去阅读一本关于搜寻外星生命的书？现在这本书已经接近尾声，你应该已经比我更有资格回答这个问题。我知道我为何要写这本书——因为人类知识的每增加一小点儿都会令我欣喜不已。坦白地说，这种欣喜甚至可能超过想象中发现新生命那一刻的激动。我能从每一次新发现中体验到兴奋的感觉，哪怕有的时候仅仅是发现我们的搜寻工作走错了路。尽管进程缓慢，我们毕竟在一点一滴地收集一张巨大拼图的各个碎片，它很可能是人类有史以来尝试解决的谜题中最大的一个。

　　从许多方面来说，最后这一章要谈的都不仅是在别处搜寻生命的问题——我们自身同样是这一章关注的焦点。这是一个非常自我中心的角度，但却是必要的，也是不可回避的。在地球之外寻找生命时，我们也许无法抱着一种超然的冷静态度。如果取得了成功，我们最终将能从一个独特的视角来看待自己在宇宙中的位置。我们前往月球的首次航程在很大程度上也是这样：它之所以重要，不仅在于那是人类向外对太阳系进行探索的一步，也在于我们从此可以回望我们的行星，获得一个完全不同的视野。

到目前为止，我们取得了什么样的新视角？又存在哪些问题？这些问题的答案对我们将意味着什么？作为天体生物学家，我们是不是应该在细节上更明确一些？比如明年我们将取得什么进展？下一个 10 年内呢？每个人（包括我在内）都应该决定如何来花掉我们自己那笔假想的 40 亿美元。

尽管对天体生物学的未来方向进行预测是一件不乏趣味的事，我仍然诚挚地希望在不远的将来我们能收获许多意外的发现。我无法确定它们会是什么，但在科学中，意外总是受欢迎的。它们迫使我们采用新思维，从新的视角来看待我们周围的世界。也许我们正应该从这里，从视角的问题开始谈起。

暗淡蓝点

除开它的其他所有成就，"旅行者 1 号"还向我们传回了拍摄距离最远的地球画面。1990 年，在给太阳系行星拍摄全家福的过程中，"旅行者 1 号"从大约 60 亿千米外（相当于地日距离的 40 倍左右）为地球拍下了一张模糊不清的快照。在这张照片中，地球只占据了一个蓝绿色像素，只是悬浮在一束散射阳光中的一粒行星之尘。这就是那张被称为"暗淡蓝点"的著名照片。它使得卡尔·萨根陷入了对人类愚行和前景的沉思。

现在，请让我向你展示一个不同的视角。它并非基于一个新的位置，而是基于新的知识。假设我们在地球之外发现了生命（具体的场景并不重要，不论那是火星、欧罗巴、泰坦、某颗系外行星，或者是来自某个不起眼的恒星系统的一条经过加密但明确无误的信息），你会有什么样的反应？我们可以在多个层面上对这个问题展开思索。首先是现实层面。也许你在早餐前就读到或者听到了这个消息，那么这一天接下来的时间里，你会和往常有什么不同？你是会继续吃完早餐，还是会慌慌张张跑出门去凝望天空？你是会照常上班，还是会冲进超市，开始囤积瓶装水？你是否还会洗衣服？还会还房贷？或者是认为一切从此都不再确定？

根据与外星人发生接触的不同级别（暂且假设外星人的飞船还没有直接悬停在我们头顶上空），你每天的日常生活会发生什么变化吗？在此你我的猜测都没有区别。我的猜测是人们（大体上）仍会照常生活。就我个人而言，我用于阅读新闻的小憩时间会比往常更长，甚至长得多，但地球上的生活仍将继续。

这种态度不难理解。想象一下吧，假如有一天我们在从火星返回的样本中探测到生命，由此知道火星上存在初等生命，并且其中还有一部分正在某个地球实验室中度长假。了解到这些并不会改变我们需要克服日常生活的困难，账单仍然得付；孩子们依然嗷嗷待哺。[i]

或许我们的目光应该超出现实生活的范畴。在某种更抽象的意义上，生活会从此变得不同吗？我想答案显然是肯定的，但更难回答的是到底多么不同。我们的世界在某种程度上会显得更大。我必须承认一个事实：当我望向火星，意识到有两台自动漫游车正在探索那颗行星的表面时，我仍然压抑不住自己的激动，意识之眼可以看到千万里之外的画面，在某颗遥远行星或卫星上发现新生命则是更加令人兴奋的想象空间。当然，了解到这些并不是我们探索之旅的终点，而仅仅是其中一步。这一步与尼尔·阿姆斯特朗在月球表面踏出的第一步同样重要，但我希望它只是人类从地球出发的航程中的一小步。

　　关于生命的新视角会改变我们的行为方式吗？在地球之外发现生命将是一次小小的，然而又是决定性的进步。在我们远未结束的成长之旅中，这次进步会不会开启一个新的阶段？也许我应该说得更明确一点：假如我们在太阳系中另一颗行星上发现了低等生命形态，我们将会如何对待它们？要是它们可以食用呢？要是它们的行星上拥有大量矿产资源，并且正是被掠夺一空的地球上急需的资源呢？

　　在此我的遐思很可能并不比你的更深刻。我们在本书中尝试理解广义生命的某些性质时，从始至终都将地球生命当作一种参考坐标（事实上是唯一的参考坐标）。我们可以继续通过这种方式，来猜想人类可能如何同与自己发生物理接触的新生命形态进行沟通。然而很遗憾，答案不会太振奋人心。地球上有的生命形态能被食用，有的生命形态的栖息地蕴藏着人类渴求的资源，而你只要回想一下它们的命运，就能明白这一点。悲观主义者（或者说现实主义者）还可以走得更远，用地球上一些人类群落的历史命运来提醒我们：这些群落太不走运，与那些在技术上领先的扩张主义者发生了接触。

我并不想带上明显的说教口吻，但从这个角度来看，人类过去的行迹预示着我们的未来并不乐观。不过，命运不能束缚我们。人性中已经发展出了观念和规范，也就是被我们称为文化的东西，尽管缓慢，但是涓滴成河。在文化的推动下，我们越来越理解自然，也越来越理解人类在自然中的地位。我们已经成长起来了。那么，我们是否有理由乐观一些呢？也许唯一的乐观理由就在于我们已经意识到：要解决地球这颗行星上的人类居民目前面临的挑战，比如饥饿、人口过剩、战争和气候变化，我们可能必须变得更加成熟，必须更加尊重彼此，更加尊重地球。做到这一点，也许我们就能带着这种新获得的清醒和谦卑态度离开地球，与新的生命形态相遇。

根本问题

1996 年 8 月 7 日，克林顿总统走上白宫南草坪，向聚集起来的记者们发表讲演，原因是NASA的科学家宣称他们在编号为ALH8$_{4001}$的陨石中发现了古代火星生命的证据。克林顿当时的评论值得在此一提："它（ALH8$_{4001}$）意味着生命存在的可能性。如果这次发现得到确认，那将是有史以来科学揭晓的最惊人的宇宙秘密之一。它的意义之深远和伟大将超出我们的想象。这一发现可能为人类最古老的一些问题带来答案，却也提出了另一些更根本的问题。"

这是一位顶尖政客的言辞风格——令人振奋，催人思索，却缺少任何实在的细节。那些根本问题具体指的是什么？有人曾经以书面形式将它们确定下来吗？我们是否能提出我们自己的问题？

我个人更能从认识一种外星生命形态的细节中得到乐趣。因此，我的一些问题会显得过于基本，也许过于浅显，比如：这种新的生命形态如何维持，如何处理能量？它是否会成长和繁殖？它的遗传特性和演化特性如何？它是否会做出某些我们还无以名之的行为？这些问题在你眼中也许是"小范围"的问题。要回答它们，你需要把手中的显微镜紧贴在某块岩石样本或是某个培养皿上。

那么，让我们退后一步，改问一些更宏大的问题。下面这些怎么样：无论我们在哪里找到生命，它们是否都是复杂化学过程的自然结果？在所有能提供诸如有机物、能量和合适反应介质等条件的环境中，我们是否都能找到生命？这个问题的答案是否能向我们揭示出自然界关于生命的某种必然性？

在过去的一个世纪中，我们关于何为生命这一问题的理解已经从生物学领域（研究对象是生命系统）跨入了化学领域（研究对象是构成生命系统的分子），然后又进入了物理学领域（研究对象变成了构成生命系统分子的原子之间的相互作用）。当前，我们关于生命的理解部分来自从越来越小的（也可以说越来越根本的）物理尺度上看待生命——但并非全部。对"何为生命"这一问题，这种理解方式是非常还原主义的：它将生命看作物质基本单位（此处指原子）之间以数学方式表达的一系列关系。然而，我们已经了解了那么多，是时候问一问了：这些方程式都以何种形式表达？"生命"物理学的法则到底是什么？

要理解我这样提问的用意，可以花上片刻，设想一种不是以生物体形态，而是以星体形态存在的生命。稀薄的气体云在不可撼动的引力作用下形成原恒星。原恒星向内坍缩，直至其核心区域温度和密度的上升引发聚变之火。新生的恒星以这种方式对抗着宇宙的一条热力学法则——宇宙中所有物质和能量都服从某种无法违拗的衰退过程；在这个过程中，熵——即整体的无序状态——必然不断增加。我们将这条法则称为热力学第二定律。

终其一生，恒星的存在都在与热力学第二定律做局部对抗。引力首先使恒星朝向某种有序状态运动。核聚变让原子核按照元素周期表的顺序逐步演化——每一次聚变反应都制造出一个比反应前更为有序、更为复杂的原子核。核聚变释放出的能量抵消了引力坍缩，让恒星得以维持。尽管看起来恒星是违反了热力学第二定律，实际上，"绕过"是比"违反"更准确的说法。尽管恒星是一种高度有序的系统，但核聚变产生的能量最终会以无序光子流的形式离开恒星。热力学第二定律依然有效。

我们所知的生命体都是由原子和分子组成的有序系统，同样从生到死都以局部的方式对抗热力学第二定律。并且，与我们在恒星那里看到的情况一样：随着热量从我们的身体中流失，无序的能量也回归到宇宙中。不过，从物理学的角度来看，恒星和生命体仍然格外值得注意——两者都是能量之流在无序宇宙中造成的秩序桃源。

引发生命火花的可能是哪一种力量？我们是否可以将生命视为宇宙的一种"性质"？就像恒星在致密的星前气体①中自然燃起一样，生命是否也是一种由物理法则自然导致的现象？这显然是一个宏大得多的问题，但同样明显，这也是我们应该充分发挥想象力并提出此类问题的时刻。我并不指望人类对新生命形态的首次惊人发现能给出确定的答案。也许第二次、第三次乃至第四次这样的发现仍然不能。但如果我们坚持搜寻，即使是像这样宏大的问题，其谜底终有一天也会在我们面前揭开。

保持无畏

写作一本关于天体生物学的书是一项既令人激动，也令人

---

① 星前气体（Prestellar gas），指发生坍缩形成恒星之前的星际气团。

畏惧的任务，这两种反应都源于不断大量涌现的最新发现。就在我写作本书的一年半时间里，人们又获得了许多惊人的结果：研究者们已经明确地将恩克拉多斯上的间歇泉与其地表之下的液态水贮存联系起来，"开普勒号"科学团队开发的最新统计方法带来了系外行星确认数量的大爆发，我们也许最终在火星上找到了甲烷——它在火星表面上以诡异的方式四下飘荡，"罗塞塔号"探测器①则向一颗彗星派出了着陆器，并且险些没能成功。

在写作中，最令人沮丧的或许是意识到一本书总有结束的时候，而新知的不断积累却将继续。下一次重大发现会是什么？我们现有的知识有哪些会很快过时？哪些太空探测器能够飞向宇宙？哪些会永远停留在图纸上？与外星人的接触又会在什么情况下发生？如果我宣称自己知道明确的答案，那我显然是在撒谎。然而，我的确相信本书中描绘的种种主题——探索、好奇、创新和开放性思维ii——将会帮助我们在通往目标的路上走得很远。

2015 年 7 月 14 日，"新视野号"探测器②以 1 万千米的距离飞掠了冥王星。它看到的景象足以让人因激动而窒息——冥王星终于作为一个世界呈现在我们眼前。它曾经被我们看作一片寒冷

----

① "罗塞塔号"探测器（Rosetta mission），欧洲航天局的无人空间探测器项目，于 2004 年 3 月 2 日发射升空，目标是研究 67P/丘留莫夫-格拉西缅科彗星。

② "新视野号"探测器（New Horizons space probe），NASA 的行星际无人航天器，目标是探索冥王星和柯伊伯带。

的冰封遗迹，现在却是一个年轻而活跃的世界。其活力来自其内部尚不为我们所知的热量。

还有探测火星大气与挥发物演化的MAVEN轨道器。它是否能探测出"好奇号"在这颗行星表面嗅到的甲烷间歇喷发现象？是否能定位这种喷发的源头，并为找到它们的成因提供线索？甲烷的喷发地点是在"好奇号"所能达到的范围之内，还是需要等待一台新的、或许具备掘开永冻土能力的火星车到来？

TESS和PLATO将会发现更多系外行星，那是无穷无尽的新世界。每一个世界都像是一块彩色的瓷砖，都是一幅巨型镶嵌画的一小部分。从这幅画中，我们终将窥见行星形成的普遍模式。行星的质量是决定其物理性质的关键因素吗？抑或其形成时与母星之间的距离（这并不代表它不能从这个距离上移开）同样重要？我们将会把手中设备的技术能力发挥到极限，以求在母星淹没一切的光芒中看清行星大气层的暗淡阴影。我们会不会从中发现我们寻求已久的分子态氧或臭氧谱线？这些谱线是会成为生命存在的证据，还是会帮助我们打开眼界，发现非生物性行星大气的化学可能性之繁多？

还有，我们渴望的、以太阳系内行星和卫星为目标的样本返回任务会变成现实吗？我们是否能找到足够的资源和动力来彼此合作？假如我们的头几次尝试虽然成功带回了样本，却仅仅因为运气不够好而错过了罕见的生物学踪迹，我们的热情是否能克服现实的打击？我们是否能无视失败，反而向前迈出一大步，派出人类前去勘查？

回答仍然是：我不知道。我确定知道的事情只有一件，那就是要达成这样的雄心，每个人都需要加快脚步。

我们可以成为英雄

在第四章中，我向你提供了 40 亿美元的预算用以实现某个天体生物学项目。至于随后各章所描述的 5 种发现外星生命的可能性，我则尽量让你对其中每一种努力的可能成本有一些概念。

尽管这种假设不能当真，但我的意图却是严肃的。梦想我们可以把每个自己认为有趣和有价值的天体生物学项目变成现实是一件容易的事，但作为一名科学家（或者科学事业资助者），最艰难的认识之一就是：我们无法做到一切。也许少而精地完成一些项目比零零碎碎地进行许多尝试更好，但我们也要意识到：小笔的资金也能让创新性的小想法变成宏大的事业。因此我才希望让你认识到哪些因素决定着某个项目能否得到资助。

我已经向你提出了问题，公平起见，我也应该给出我自己的回答。这 40 亿美元我打算如何使用？抱怨问题的艰难毫无益处，因为其艰难之处也正是其意义所在。我的首选项目是一次以恩克拉多斯为目标的样本返回任务。你问我的理由是什么？首先，恩克拉多斯简直就是一个巨大的液态水球，这令人激动。其次，这个项目没有超出我们的能力范围：恩克拉多斯持续地将水喷入太空，而我们已经有了对这些水进行采样并送回地球的技术。这是否意味着我认为其他选项不够吸引人或难以完成呢？当然不是，但正如我在前面所说的，最好是先把一件事干好。

稍等！我的 40 亿美元是否还能有一些剩余？也许还能有 10 亿美元左右的剩余资金。应该如何使用这些钱来帮助一些小规模项目的推进？我会选择支持发展定期获取系外行星大气光谱所需要的技术。有了"开普勒"、TESS 和 PLATO，我们已经有能力发现数以千计的系外行星，而对它们的大气层进行研究则将是我们的下一条战线。也许遮星板正是实现这一目标的办法，修建新一代的超大型陆基望远镜同样可能是正确选项。我愿意将我剩下的大约 10 亿美元投入到这些项目上。

你是否想过为何我会将资金上限设定为 40 亿美元？实际上，2013 年全球各国花费在国防上的资金约为 1.5 万亿美元。这是 375 个 40 亿美元。然而防御的对象是谁呢，不是彼此，就是自己的国民。在卡尔·萨根对我们这个"暗淡蓝点"的描述中，最精辟的认识大概就是：在这个地球大小的像素上，某个角落的居民会对像素另一侧的居民发动侵略。从这个角度来看，用以推动这种侵略的一切努力和开销都只能被视为整个行星范围内的浪费。

平均每一天，都有 40 亿美元乃至更多的钱被花费在国防上。其中每一美元都代表着人类的一小点努力和付出。我们应该将自己的努力和意志用于何种目的？这一问题的提出就是一次良好的社会实践。在此我并非盲目暗示天体生物学是最重要的科学，有资格占据列表的顶端优先位置。然而，意识到下面这一事实已经足以令我们的心灵深深激动：只要提出这样的问题，并勇于寻求答案，本书中的种种目标——至少是其中你最珍视的那一部分——终能实现，哪怕只有一天。①

注释

i   至少我家孩子肯定会这样。

ii   除了开放性思维，恐怕还有暴力冲动——如果你正好在申请一次新的太空任务或望远镜项目的话。（指科研人员在申请过程中会遭遇种种挫折，容易产生不良情绪。——译者注）

---

① 最后一句原文为 Just for one day，与本节小标题 "We could be heroes" 同出自英国歌手大卫·鲍伊（David Bowie）的作品 "英雄"（Heroes）中的歌词："we can be heroes just for one day"。歌词的原意为 "我们可以成为英雄，哪怕只有一天"。

参考书目

我不打算在此列出我为写作本书而阅读的所有书籍，而是会给出一份也许你会感兴趣的杂志文章、网页和书的列表。希望这些建议能带给你更多的刺激和启示（或者哪怕只是一些确定的事实），让你能在天体生物学中找到更多乐趣。

第一章

关于我们在宇宙中的地位，没有哪一本书能比卡尔·萨根（Carl Sagan）的《宇宙》（*Cosmos*, New York: Random House, 1980）描述得更准确。另一本书没那么有诗意，但是有更多的科学事实（也有精美的插图），那就是帕特里克·摩尔（Patrick Moore）的《菲利普宇宙地图》（*Philip's Atlas of the Universe*, London: Philip's, 2006）。这两本书都在我的书架上，随时为我带来新的想法和认识。

不必去阅读有关珀西瓦尔·洛厄尔生平或是火星运河争论

的著作，倒是不妨看一看阿尔弗雷德·拉塞尔·华莱士（Alfred Russel，Wallace）的《火星能住人吗？》（*Is Mars Habitable?*，Macmillan，1907）。这本书既短小又精彩。作为进化论的共同创始人，拉塞尔在这本书出版时已经84岁高龄了。他在书中将基础物理学运用于对火星的观测，对洛厄尔的观点进行了详细而扎实的反驳。

以下是宣布发现第一颗太阳系外行星（即环绕恒星飞马座51运行的那颗行星）的那篇学术文章的期刊信息：M. Mayor and D. Queloz, "A Jupiter-mass companion to a solar-type star," *Nature* 378 (1995): 355-59。

你读过优秀的科幻小说吗？如果没有，那我向你推荐H. G. 威尔斯（H. G. Wells）的《世界之战》（*The War of the Worlds*, Heinemann, 1898）。这可是天体生物学的经典文本！

第二章

有两本书都为现代宇宙学的发展历史提供了既有趣味，也富于人文精神的视角。第一本是丹尼斯·奥弗比（Dennis Overbye）的《孤独的宇宙之心》（*Lonely Hearts of the Cosmos*，Boston: Back Bay, 1999）。第二本是约翰·法雷尔（John Farrell）的《没有昨日之日》（*The Day without Yesterday*, New York: Basic Books, 2005）。尽管宇宙早在人类出现之前就已经存在了很久，但作为一门科学的宇宙学却是人类的成就。这两本书讲述了这段历史，同时也很好地介绍了不少宇宙学知识。

如果你希望对宇宙年表有更多了解，我推荐两部作品，一本是科学著作，一本则诗意盎然。前一本是史蒂文·温伯格（Steven Weinberg）的《最初三分钟》（*The First Three Minutes*, New York: Basic Books, 1979），以极为明白晓畅的方式介绍了宇宙历史最初几分钟内发生的粒子物理和核物理过程。后一本是普里莫·利维（Primo Levi）的《元素周期表》（*The Periodic Table*, New York: Schocken, 1984），其中"碳"那一章从一个碳原子的视角讲述了宇宙的故事，最值得一读。

下面这篇学术文章则利用恒星核合成理论讲述了元素创生的科学故事：E. M. Burbidge, G. R. Burbidge, W. A. Fowler and F. Hoyle, "Synthesis of the Elements in Stars," *Reviews of Modern Physics* 29 (1957): 547-650。

第三章

关于地球的年龄问题，最好也最容易入手（意思是说，它不是一篇让人找起来费劲的期刊文章）的参考书是《远古地球和远古天空：地球的年龄及其宇宙环境》（*Ancient Earth, Ancient Skies: The Age of the Earth and Its Cosmic Surroundings*, Stanford, Calif.: Stanford University Press, 2001），作者G.布伦特·达尔林

普尔（G. Brent Dalrymple）。

读过理查德·道金斯（Richard Dawkins）的《盲眼钟表匠》（*The Blind Watchmaker,* New York: Norton, 1986）吗？如果没有，赶紧去读吧。如有必要，多读几遍。

关于微化石如何成为远古地球生命的存在及其特征的证据，威廉·舍普夫（William Schopf）的《生命摇篮》（*The Cradle of Life*, Princeton, N. j.: Princeton University Press, 2001）讲得十分出色。

读一读这两封几乎同期写给《自然》杂志（*Nature*, vol. 416, March 7, 2002）的信件吧：一封是威廉·舍普夫等人的 "Laser-Raman Imagery of Earth's Earliest Fossils"，另一封是马丁·布拉西耶（Martin Brasier）等人的 "Questioning the Evidence for Earth's Earliest Fossils"。如果你想要了解发生在这些研究最前沿的科学争论的话，它们能为你提供一个独特的角度。

M. 席德洛夫斯基（M. Schidlowski）有一篇综合性的文章，介绍如何利用地质化学碳同位素比例来推测地球生命历史："Carbon Isotopes as Biogeochemical Recorders of Life over 3.8 Ga of Earth History: Evolution of a Concept," *Precambrian Research* 106 (2001): 117-34。

J. 卡斯廷（J. Kasting）有一篇文章出色介绍了早期地球大气研究："Earth's Early Atmosphere," *Science* 259 (1993): 920-26。

最早详细介绍斯坦利·米勒（Stanley Miller）的研究工作

的文章由他本人所写："Production of Amino Acids under Possible Primitive Earth Conditions," *Science* 117 (1953): 528-29。（最容易找到这篇文章的地方是关于米勒–尤里实验的维基百科页面。）

要了解NASA的"星尘号"样本返回任务的结果，不妨一读这篇文章：D. Brownlee et al. "Comet 81P/Wild 2 under a Microscope," *Science* 314 (2006): 1711-16。

关于我们对生命起源的生物化学理解，史蒂文·本纳（Steven Benner）在这本书中有最前沿的全面介绍：《生命、宇宙、科学方法》（"*Life, the Universe, and the Scientific Method*"，FfAME, 2008）。

第四章

关于弱光环境中的无氧光合作用，有两篇文章值得一读。一是J. Overmann, H. Cypionka and N. Pfennig, "An Extremely Low-Light-Adapted Phototrophic Sulfur Bacterium from the Black Sea," *Limnology and Oceanography* 37 (1992): 150-55；一是S. A. Crowe et al., "Photoferrotrophs Thrive in an Archean Ocean Analogue," *Proceedings of the National Academy of Sciences* 105 (2008): 15938-43。

要想了解国际空间站的EXPOSE设施上进行的微生物样本暴露实验结果，可以看一看这篇文章：S. Onofri et al., "Survival of Rock-Colonizing Organisms after 1.5 Years in Outer Space," *Astrobiology* 12 (2012): 508-16。

要想获取当前各种太空探测器任务的最新信息，Google是你的最佳选择。大部分情况下，它会把你带往这些探测器的主页。这些页面大部分都位于NASA或欧洲航天局的网站。所以，只需要用Google搜索"新视野号"、"火星侦测轨道器"、"火星'好奇'号"和"卡西尼号"即可。

当你浏览火星侦测轨道器（MRO）页面时，别忘了看一看"成为火星人"（Be a Martian）项目。这是一个向公众开放的科学项目，能让你有机会对MRO拍摄的图像进行研究、分类和拼贴。

第五章

下面是一大堆实验结果论文。

有许多文章详细介绍了环火星轨道上的观测平台所发现的火星表面疑似水文特征。这里是一篇描述火星上古老的埃伯斯瓦尔德三角洲（Eberswalde delta）的文章：M. C. Malin and K. S. Edgett, "Evidence for Persistent Flow and Aqueous Sedimentation on Early Mars," *Science* 302 (2003): 1931-34。

火星"奥德赛号"发现火星全球范围内都存在着近表层富氢土壤，参见W. C. Feldman et al., "Global Distribution of Near Surface Hydrogen on Mars," *Journal of Geophisical Research* 109

(2004): 2156-202。

"凤凰号"的探测结果参见P. H. Smith et al., "H2O at the Phoenix Landing Site," *Science* 325 (2009): 58-61。

一篇介绍"海盗号"的示踪释放实验结果的学术文章: G. V. Levin and P. A. Straat, "Viking Labeled Release Biology Experiment: Interim Results," *Science* 194 (1976): 1322-29。

我不打算把所有关于火星甲烷探测结果的论文都一一列举出来,在此仅举两篇来自凯文·扎赫诺(Kevin Zahnle)的质疑文章: K. Zahnle, R. S. Freedman, and D. C. Catlings, "Is There Methane on Mars?," *Icarus* 212 (2011): 493-503 和K. Zahnle, "Play It Again, SAM," *Science* 347 (2015): 370-71。

关于火星上的季节性沟谷,可以看看这一篇: A. S. McEwen et al., "Recurring Slope Linae in Equatorial Regions of Mars," *Nature Geoscience* 7 (2013): 53-58。

关于地球微生物在火星上的存活能力问题,参见W. L. Nicholson, K. Krivushin, D. Gilichinsky and A. C. Schuerger, "Growth of Carnobacterium spp. From Permafrost under Low Pressure, Temperature and Anoxic Atmosphere Has Implications for Earth Microbes on Mars," *Proceedings of the National Academy of Sciences* 110 (2013): 666-71。

最早介绍火星陨石ALH8$_{4001}$ 的文章: D. S. McKay et al., "Search for Past Life on Mars: Possible Relic Biogenic Activity in

Martian Meteorite ALH8$_{4001}$," Science 273 (1996): 924-30。

你可以在NASA的网站上的"科学战略"（Science Strategy）页面上找到《美国行星科学十年规划》（2013—2012）（*U.S. Planetary Decadal Survey for 2013-2022*）。地址如下：https://solarsystem.nasa.gov/2013decadal。

第六章

NASA工程师琳达·莫拉比托（Linda Morabito）第一个发现了艾欧上存在活跃火山活动的证据。她关于这一发现过程的记述可以在这篇文章中看到：http://arxiv.org/abs/1211.2554。

关于导致艾欧上火山活动的物理原因，乔治·科尔（George Cole）和迈克尔·沃尔夫森（Michael Woolfson）在其杰出的教科书《行星科学》（*Planetary Science*, Bristol, UK: IOP, 2002）中有清晰的介绍。

首次宣布在欧罗巴和卡里斯托这两颗卫星上发现地下海洋的，是这篇期刊文章：K. K. Khurana et al., "Induced Magnetic Fields as Evidence for Subsurface Oceans in Europa and Callisto," *Nature* 395 (1998): 777-80。

关于深海热泉的发现及其生物意义，有两篇文章可读。一是R. D. Ballard, "Notes on a Major Oceanographic Find," *Oceanus* 20 (1977): 35-44；一是H. W. Jannasch, "Chemosynthetic Production of Biomass: An Idea from a Recent Oceanographic Discovery," *Oceanus* 41 (1998): 59-63。刊登这两篇文章的《海洋》(*Oceanus*) 是伍兹霍尔海洋研究所 (Woods Hole Oceanographic Institute) 主办的杂志。

要想了解惠兰斯冰下湖研究的最新成果，可以关注惠兰斯冰流冰下研究钻探项目 (Whillans Ice Stream Subglacial Access Research Drilling) 的网站：www.wissard.org。

C. J. Hansen 等人在其文章中介绍了恩克拉多斯上活跃间歇泉的发现情况："Enceladus' Water Vapor Plume," *Science* 311 (2006): 1422-25。

关于前往恩克拉多斯的样本返回任务的设想，参见：P. Tsou et al., "LIFE: Life Investigation for Enceladus; A Sample Return Mission Concept in Search for Evidence of Life," *Astrobiology* 12 (2012): 730-42。

第七章

科学杂志《自然》非常贴心地提供了一个在线专题页面，介绍"惠更斯号"在泰坦上的活动：www.nature.com/nature/focus/huygens，其中的全部文章都可以免费阅读。

想知道"托林"到底是什么？可以读读这一篇：C. Sagan and B. N. Khare, "Tholins: Organic Chemistry of Interstellar Grains and Gas," *Nature* 277 (1979): 102-7。

关于地外生命存在可能性的问题，彼得·沃德（Peter Ward）和唐纳德·布朗利（Donald Brownlee）在其著作《地球殊异》（*Rare Earth*, New York: Copernicus, 2000）中提供了一个特别的视角。

要理解克里斯·麦凯（Chris McKay）的"泰坦殊异"假设，参见C. P. McKay and H. D. Smith, "Possibilities for Methanogenic Life in Liquid Methane on the Surface of Titan," *Icarus* 178 (2005): 274-76。

《行星与生命：新兴的天体生物学》（*Planets and Life: The Emerging Science of Astrobiology*, edited by Woodruff T. Sullivan and John A. Baross, Cambridge: Cambridge University Press, 2007）中有一篇彼得·沃德和史蒂文·本纳的文章（537-44），对可能的外星生物化学过程进行了极富启发性的讨论。这篇文章可以在应用分子进化基金会网站上史蒂文·本纳页面的发表文章目录中找到：www.ffame.org。

想了解泰坦版本的米勒–尤里实验吗？不妨一读这篇文章：S. M. Horst et al., "Formation of Amino Acids and Nucleotide Bases in a Titan Atmosphere Simulation Experiment," Astrobiology 12 (2012): 1-9。

关于泰坦大气层中的氢气流动问题，参见D. Strobel的文章"Molecular Hydrogen in Titan's Atmosphere: Implications of the

Measured Tropospheric and Thermospheric Mole Fractions," *Icarus* 208 (2010): 878-86。

第八章

关于系外行星的探测，我将主要篇幅放在了凌日法上，因此可耻地忽略了大量其他方法。为弥补由我造成的这种偏差，你不妨读一读 2013 年 5 月 3 日的《科学》特刊。这一期对各种系外行星探测技术进行了全面而透彻的回顾。

要想了解"开普勒号"的最新消息，kepler.nasa.gov 不可错过。

关于在仙女座 Y 星系统中发现多个行星的情况，可以参阅 R. P. Butler 等人的文章："Evidence for Multiple Companions to Upsilon Andromedae," *Astrophysical Journal* 526 (1999): 916-27。

要想了解开普勒-10 的行星系统，可以参阅：X. Dumusque et al., "The Kepler-10 Planetary System Revisited by HARPS-N: A Hot Rocky World and a Solid Neptune-Mass Planet," *Astrophysical Journal* 789 (2014): 154-67。

关于恒星系统中出现行星的概率，"开普勒号"任务有其统计数据。要了解更多细节，可参阅：N. M. Batalha, "Exploring Exoplanet Populations with NASA's Kepler Mission," *Proceedings of the National Academy of Sciences* 111 (2014): 12647-54。

想了解"宜居系外地球"的更多信息吗？不妨一读下面这

两篇介绍格利泽667Cc和开普勒-22b的文章：一是G. Anglade-Escudé et al., "A Dynamically-Packed Planetary System around GJ 667C with Three Super-Earths in Its Habitable Zone," *Astronomy and Astrophysics* 556 (2013): 126-49 ；一是W. J. Borucki et al., "Kepler-22b: A 2.4 Earth-Radius Planet in the Habitable Zone of a Sun-Like Star," *Astrophysical Journal* 745 (2012): 120-35。

我们能否从太空中探测到地球生命的存在？要想知道答案，可以读读这一篇：Carl Sagan et al., "A Search for Life on Earth from the Galileo Spacecraft," *Nature* 365 (1993): 715-21。

关于我们从对系外行星大气层的光谱观测中所能得到的最佳结果，以下两篇杰出的文章介绍了其中一部分：一是J. Fraine et al., "Water Vapor Absorption in the Clear Atmosphere of a Neptune-Sized Exoplanet," *Nature* 513 (2014): 526-29 ；一是L. Kreidberg et al., "Clouds in the Atmosphere of the Super-Earth Exoplanet GJ1214b," *Nature* 505 (2014): 69-72。

第九章

一切的开始，是G.科科尼（G. Cocconi）和P.莫里森（P. Morrison）的这篇文章："Searching for Interstellar Communications," *Nature* 184 (1959): 844-46。

关于弗兰克·德雷克开创性的奥兹玛计划，有一篇当年的文章可读：F. D. Drake, "Project Ozma," *Physics Today* 14 (1961): 40-46。

一切的结束，是NASA取消对SETI的资助。下面这篇文章对导致这一结果的种种事件进行了讨论：S. J. Garber, "Searching for the Good Science: The Cancellation of NASA's SETI Program," *Journal of the British Interplanetary Society* 52 (1999): 3-12。

关于SETI搜索现状的更多信息，可参阅D. Werthimer et al., "The Berkeley Radio and Optical SETI Program: SETI@home, SERENDIP, and SEVENDIP," in *The Search for Extraterrestrial Intelligence (SETI) in the Optical Spectrum* III, edited by Stuart A. Kingsley and Ragbir Bhathal, Proceedings of SPIE 4273 (2001)。

在Google上搜索"SETI@Home"，迈出进入一个更广阔世界的第一步吧。

第十章

尽管卡尔·萨根关于"暗淡蓝点"的那段话在因特网上随处可见，不过它的原始出处却是他的这本著作:《暗淡蓝点：展望人类的太空未来》(*Pale Blue Dot: A Vision of the Human Future in Space*, New York: Random House, 1994)。

关于热力学第二定律在生命中扮演的角色，这里有两篇思考角度十分独特的文章。第一篇更早，更概略，但仍然没有

过 时， 那 就 是J. Bronowski的 "New Concepts in the Evolution of Complexity: Stratified Stability and Unbounded Plans," *Synthese* 21 (1970): 228-46。第二篇则更晚近，其中的数学表达极为晓畅，是 C. H. Lineweaver和C. A. Egan的 "Life, Gravity, and the Second Law of Thermodynamics," *Physics of Life Reviews* 5 (2008): 225-42。

致谢

我在此向乔·卡拉米亚以及他在耶鲁大学出版社的全体同事致以诚挚的谢意，是他们让这本书得以和读者见面。他们之外还有许多人从始至终给予我急需的帮助。我也希望在此向他们一并致谢。

感谢维多利亚大学的弗罗林·迪亚库和保罗·策尔。因为他们宝贵的建议和鼓励，这本书才能从一个想法变成正式的选题。

感谢 J. J. 卡维拉尔斯、戴夫·巴顿、詹姆斯·迪弗朗切斯科和克里斯蒂安·马鲁瓦。他们对我的选题给予支持，并推荐给潜在的出版商。

许多人在多次讨论中丰富了本书的内容。其中我特别要向科林·戈德布拉特致谢，感谢他持续的热情、不断的想法，感谢他的良多贡献。这些贡献已经变成了本书的一部分。

真诚感谢下列对本书进行了部分审读或通读，并慷慨给予评论和鼓励的人，他们是：吉利恩·斯卡德、金·维恩、玛姬·辽、特里斯汀·伯格、切尔西·斯彭格勒、耶利哥·奥康奈尔、杰里米·塔特姆、科林·斯卡夫、塞巴斯蒂安·拉瓦、凯尔·奥曼和米歇尔·班尼斯特。

最后，非常感谢詹姆斯·卡斯廷和另一位匿名的评议者。他们对本书进行了正式的评议，并给予了详尽而宝贵的反馈。